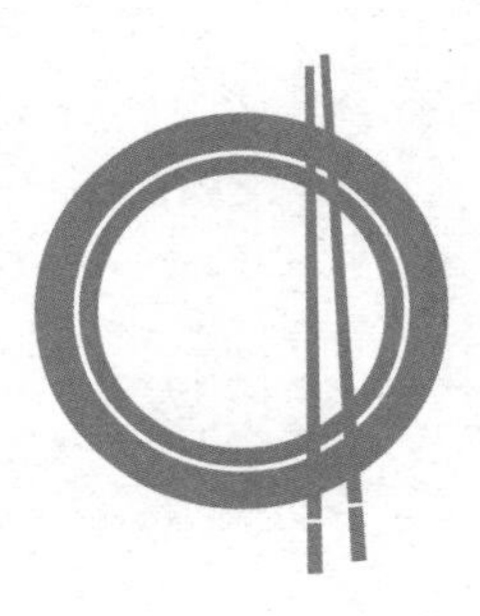

U0308479

出 品 人：陈沂欢　欧　杰　马　蕾
主　　编：张　婷
策划编辑：贝　洛　马　霖
责任编辑：贝　洛　马晓茹　张　刚
图片编辑：何亮靓　陈光荣　张律堂
平面设计：何　睦
封面绘画：老　树
插　　画：文　一
营销编辑：林少波　褚新月　牧　苏　贾顺利　惠璐瑶
品牌合作：郭颖谦
项目实习生：胡蓝月

出　　品：北京地道风物科技有限公司
社会化媒体运营：姚　瑶　孟庆青　贺　靓　高城城　徐宇峰　陈维晶
Mook 编辑出版：范亚昆　张　婷　何亮靓　张律堂　许君达　黄绮媚
品牌合作：郭颖谦　付鑫科　罗　毅

联合出品：地道風物

北京地道风物科技有限公司　黄小厨网络科技（北京）有限公司

地道風物
003

A Bite of China
Celebrating the
Chinese New Year

舌尖上的新年

陈晓卿 等著

最好吃的是年

大多数的人，常常是“饭来张口”，既没有属于自己的菜地，也不擅采摘烹饪，因而对于食物如何从田野水泽走上餐桌，没有全程的直观认识。美食给中国人的生活带来的是润物细无声般的影响，大多数的人，都认为那些美味是普通日常的一部分，稀松随意。

其实我们何其幸运，可以很方便地享受到风格多样、内涵丰富、文化悠长的中国美食。我们又是否想过，每一道菜肴背后所凝集的经验与智慧。每到新年，一碗猪肉三鲜馅的饺子，一盘热气腾腾的年糕，它们的原材料可能来自城郊、江南、东北农场，甚至海洋；在到达我们的餐桌之前，它们经过了无数双手的温暖传递；其工艺与技巧，更是漫长到几近不可考的时光里，无数心意的凝集荟萃。

若这食物稍有不寻常，其中的心意与因缘就更值得感念。怀着对中国盛宴及其深邃内涵的好奇和向往之心，我们的团队步步深入，收获满载。上海，一间只有三个桌位的咖啡厅里，导演邓洁对我细细讲述了她这两年来的舌尖探索之旅。为了《舌尖上的新年》，她寻访过全国五十多处不为人知的新年滋味。松皮扣，广西平乐的春节美食——五花肉稍煮，扎孔，搽姜、酒，投入油锅，炸至金黄，捞出投入冷水，再用腐乳酱等调料腌制，切片；槟榔芋片油炸，与之相间装碗，再上蒸笼蒸40分钟……平乐人用经验与智慧改变了猪皮的质感，最终的成品，味道奇绝，让人一尝难忘。

像松皮扣这样过程繁复、口感惊艳的美食，我们还寻到了很多：苏州七件子、黟县腊八豆腐、自贡粑粑肉、湘西腊肉、平乐酿菜、玉林白馓、香港发菜蚝豉、汕头生腌血蚶、肇庆裹蒸、江门大糍、厦门红龟粿、台湾红蚮米糕、藏族“卡赛”、内蒙古布里亚特千层糕、榆林枣兔兔和糕角儿、环县羊肉腊八粥、莱芜大糖瓜……

这些美食缤纷各异，却都耗时耗力，它们如此烦琐复杂、大费周章，只为一个共同的目的——过年。

每到深冬，在中国的大地上，总会上演世界上最大规模的人口迁徙。这名为春运的迁徙当然也是为过年而发生的。它从几个月甚至一年之前的谋划，几十天之前的抢购火车票就已经开始预演和酝酿。对很多人来说，春运艰辛，回家波折，但艰辛波折之后，终会有那一份私人定制的热气腾腾在前方等待着你。是记忆里的味道在诱惑我们吗？在四川人的期盼里，那热气是熏腊的味道；对新疆姑娘而言，那是洋葱、西红柿、地产羊肉和足够的孜然；扬州人垂涎着一双竹筷插入浓汁闪耀的狮子头里，左手适时地端过米饭，接住肉尖微颤的一大块；广东人的回忆里，一定有去年过年和家人共享的鱼丸、牛丸，那爆浆在口腔，仿佛一场无法为外人道的魔术盛会……每个人心里的过年必选项都有所不同，但“过年吃顿好的”是我们生活的必选项，这一点几乎人人相同。

新年和美食，一为中国人最重要的节日，一为中国人最重要的非精神追求，原本存在于两个维度。然而，人们在面对和享受它们时的心理过程是如此相似：都是等着盼着，越来越近了，在手忙脚乱中欢喜甜蜜，怀抱一意的虔诚，最终换得满堂心花怒放。

过年的美食烙在每个人的味蕾上，成为我们记忆最深处的一部分。美食家陈晓卿早已尝遍天下好味道，仍会感慨，小时候家里过年做的红薯糖才最好吃。那是一种面目不清的甜，是他在异乡寒冷的冬夜里，揪心想念的味道。也许在这样的味道里，一年一度，我们可以暂时贴近某种渐行渐远的天真。

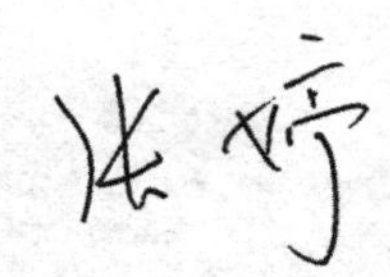

北京市。2009 年。老北京心目中最有年味的风物就是这红火喜悦的食品礼盒“京八件”。摄 _ 王连红

目录

004 最好吃的是年 张婷
020 所有人奔赴的晚餐——中国年夜饭的美食地理 萧春雷

久·等

036 年夜饭一百年 小宽
048 五味杂陈，一等再等 张知常
064 淮安的四时 贾珺
068 老南京，最『恩正』 顾力
072 年复一年，寻找年味 邓洁 陈磊
081 镜头里的时光 邓洁 等

远·来

098 我的新年，别人的年夜饭 陈晓卿
104 裹蒸，肇庆的热闹 潘博成
114 团团乐山年，我没有回去好多年 芶霈雯
120 盐都自贡，幸福的大白味 杨冉
124 以记忆导航，回到湘西 田薇
132 江汉深处小吃多 李汇群
142 姑苏鱼，东山年 姚萍
148 淮扬菜的深意 陈洛平
152 海城，地震也挡不住过年 徐龙
158 我在长白山采蘑菇 侯希骏
162 舌尖上的藏历新年 次仁央宗
168 民族新年，风味诱人 高竞闻 等
177 镜头里的远方 李勇 等

江苏省常州市武进县（今武进区）。1981 年。竭尽全力的富足、饱满与热气腾腾，就是新年。摄 _ 汤德胜

目录

甜·蜜

194 甜味宇宙的涟漪 般罗毕
200 老北京点心是个什么味儿 郭亦城
206 恭喜发财，年饼拿来 戴莹
208 白馓弥香，无论荣华何方 冯翊明
212 酥角，手作满盆金元宝 冯翊明
218 亲手带来广式的甜 李汇群
228 来自天山南北的果香 高竞闻
233 镜头里的香甜 邓洁 等

有·心

250 和家人一起才叫过年 黄磊
258 饺子和汤圆是怎么成为年夜饭巨星的 朱不换
262 母亲的手艺与哲学 温瑶
266 祭祀与摆供 赵珩
270 祭灶果的进化 刘力铭
274 台湾春节心意满 潘博成
289 镜头里的美意 何是非 等

饕·餮

306 饕餮盛宴，要在反对日常 般罗毕
316 何以解忧，唯有吃喝 沈宏非

囍

浙江省宁波市宁海县深甽镇大蔡村。
俗话说，过年娶媳妇，好上加好。
这场老屋里的聚会，请来了全村亲朋好友，
既是团年，又是喜宴。
摄／章才金

山西省运城市闻喜县。

2012年1月29日，正月初七。

红火的大年，温暖的炕头，

一名小女孩高兴地看着奶奶捏花馍。

摄/刘宝成

浙江省嘉兴市桐乡市乌镇。2013年春节期间，水上集市一片繁忙，船家准备了充足的年货开市迎接客人。摄／袁培德

福建省莆田市农村。依当地传统，每年新春，会有一位男性村民当选为『福首』，每到元宵，同族亲人挑来装有肉、蛋、面和鞭炮等贺礼的『十盘担』到『福首』家贺喜。贺礼被摆在大厅前祭祖，天人共享。

摄／徐学仕

吉林省松原市前郭尔罗斯蒙古族自治县查干湖渔场。
2015 年春节，依例又是冬捕的好时候。
这是破冰而得的丰收，
这是天赐的第一份新年豪礼。
摄／王薇

所有人奔赴的晚餐

中国年夜饭的美食地理

文／萧春雷

春节是中国最大的节日，整个社会回归到一个个家庭。年夜饭，中国人一年一度的隆重晚餐。哪些菜肴能荣登餐桌，展示了中华民族的生存空间、文明类型、地域性格，及各地人民对美食的定义。

北面南米、水饺年糕，谁最能代表春节？

20世纪90年代初，央视春晚最红火的时候，电视里年复一年的“过大年、吃饺子”广告，配以红红火火全家包水饺的场景，让我这个自小生长在闽西北山区的中国人深感自卑。为了年夜饭，一向很有主见的母亲也失去了自信。按照电视上各位主持人和嘉宾的说法，年夜饭再丰盛，缺了饺子，过的仿佛不是中国年。

中国人差不多都吃过饺子，很多人也并不认为那是多了不起的美味。毕竟中国地大物博，各地的自然、历史、文化丰富多样，人们的饮食口味也就千差万别了。央视春晚挟国家力量，把饺子定义为中国春节的饮食符号，体现了一种北方文化霸权。超过一半的中国人对饺子毫无感情。曾有许多南方人误以为北方的年夜饭只吃饺子，未免太凄凉、太潦草，代表不了中国春节的饮食文化。

在南方，类似饺子的春节饮食符号，应该是年糕。整个长江流域以及华南地区，都流行做年糕过年。温州作家林斤澜写道：“南方人定居北方几十年，连孩子也拉扯成人了，还有过年都不包饺子的。我家就是其中之一，可是我家有一样，年夜饭头一道‘摆当中’的，必是炒年糕。”

在我们闽西北，“无年糕，不成年”。每年除夕前，我母亲总是要去找邻居换一些糯米，亲手做年糕。正值冬天，做好的年糕可以放上十天半月，随吃随切。春节期间吃米饭是很没面子的。客来，一般先是酒菜伺候，再用蛋煎些年糕放在桌上，又喜庆，又有点半菜半饭的意思，吃上几片，足以果腹。

糍粑也是过年必备之物，我老家称为糯米糍。与年糕的不同之处在于，年糕是“蒸”出来的，糍粑是“打”出来的。做糍粑不用磨米浆，而是蒸熟一锅糯米饭，放进石臼里用杵捣烂，取出后揉搓成团，最后分成一个个小饼团，就是糍粑。新打出的糍粑，趁热蘸些白糖、芝麻很好吃，但多数还是风干后保存，吃的时候再加热。许多南方人，尤其是西南少数民族，事实上更热爱糍粑——但“年糕”这个名字更讨人喜欢。

饺子有“交子”之意，表示新旧年于子时交接，好运绵延；年糕既甜蜜，又有“年年高”的寓意，吉祥应景，是不可或缺的年节食品。

从南到北，中国人的饮食差异很大。单以主食来说，南稻北麦及其带来的南米北面，就是最明显的一个特点。

我认为，北方的面条是比面包更伟大的发明。大体说来，秦岭、淮河以北属于麦作区，河南、河北、陕西、山西、山东、苏北是中国小麦主产区，当地人以面食为主。面粉可以制作出花样繁多的食品：面条、馒头、大饼、包子、水饺……

我去山西长治市采访，当地女作家葛水平对我说，山西是面食大省，你一天吃一种面，一年不会重复。那半个月时间，我晕晕乎乎吃下十几种面条，连名字都来不及记全。拉面、刀削面、剔尖面、扯面、一根面、剪刀面……山西厨师现场制作，技艺炉火纯青，已经上升为一种让人赏心悦目的表演艺术。我还吃过玉米面、高粱面、豆面、荞麦面和米面，但我觉得，在口感上杂粮面终究不如小麦面。

在北方把面条工艺推向巅峰的同时，南方也发展出纷繁的米粉品类。与面粉不同，大米磨成的粉团缺乏黏性，无法拉扯，要将它们舂捣为糍粑，再压榨成粉条。我老家泰宁称榨粉条的木头机械为“粉干榨”，架在一口大锅上，把糍粑放进一个圆榨筒里，利用杠杆原理挤压，糍粑就从榨筒下面的孔眼中挤出来，细细长长，落进沸腾的锅里煮熟。熟后直接拌料吃，称湿粉；如果拿去晒干保存，称粉干。

泰宁粉干的做法与闽西、赣东南一带类似，较粗，坚韧而富有嚼劲，非常好吃，是正月代替米饭的主食。客人来拜年，主妇赶紧取出一包粉干煮熟，加入鸡肉和鸡蛋做主菜，炒几个下酒菜，算是点心。粉干（米粉、粉条、粉丝）是南方最常见的副食品，有些很有名气。我走过多地，很是品尝过一些：湖南衡阳米粉、江西抚州米粉、重庆长寿米粉、四川绵阳米粉、福建兴化米粉、广西桂林米粉……有的太细，有的太软，有的易断，有的糊烂，所以我还是怀念老家的粉干。

就像北方的面铺一样，南方各省的米粉店，招牌林立，比比皆是。米粉店用的通常是新榨好的湿粉，在滚水里焯一下，加上菜肴调料汤食或拌食，快捷方便。就我自己的见闻来说，广西是中国最发达的米粉王国，除了桂林米粉，还有柳州螺蛳粉、南宁老友粉、武鸣生榨米粉、宾阳酸粉、融水滤粉、防城港卷粉、钦州猪脚粉等数十种，圆、扁、条、块，形态各异，咸、酸、甜、辣，味道不同。有学者研究认为，水稻正是壮族、侗族的祖先驯化的，广西人的米粉做得好，也是自然之理。

说到南方年节食品，一定要说到糯米。野生稻有籼有粳，但不存在糯稻。糯稻来自百越（秦汉时期中原人对长江中下游及以南地区的泛称）地区的人民栽培水稻过程中的偶然遗传突变。世界上有了糯稻，像是上天赐予的礼物。糯米油脂丰富，香气浓郁，松软而黏，堪称大米中的贵族，最适合用于加工各种高级米食制品。种种糯米制品——粽子、汤圆、年糕和米酒，共同营造出节日的欢乐气息。

过年是一年中隆重的大事，再将天天吃的主食端上桌面，必然惹人生厌。所以，春节主食的原则是隆重而非日常化。北方人天天吃面条、馒头，这时就应该吃面食里的饺子，它比面条豪华，比包子精细，比大饼复杂，你可以在馅料上尽情讲究。南方人天天吃米饭，过年也要换换口味，享用米食中的加工精品。

所有人奔赴的晚餐，席上应该有什么？

家人团圆，祭告祖先，高高兴兴吃上一餐年夜饭，是普通人家的基本愿望。旧历除夕，在万家灯火里，盛宴同时开启。

人人都在过节，春节期间你很难从商店和菜市场获得补给，多年来形成了一个惯例和习俗：年前就得储备好半个月的生活物资，谓之备年货。闽西北过年要准备些什么？我的朋友余以琳长年在沙县生活，在多家报纸开设美食专栏，他回忆说："首先是杀年猪，没猪肉过什么年？当然也不是每家都杀，但至少也要买上二三十斤猪肉。"他想了一下，扳着指头说："鸡三只，鸭七八只，草鱼三条，豆腐十几斤；鸭蛋一百个，给客人吃；鸡蛋一百个，炒菜用。香菇、冬笋、木耳、粉丝若干，粉干备好十斤，还要做年糕、糍粑、米粿等等；酿春酒若干坛……

"沙县的年夜饭其实很单调，无非鸡、鸭、鱼、肉。首先是鸡，红菇炖鸡最好。第二道菜是鸭，可做白斩鸭。鸡肉其实不好吃，但大补，所以地位高，缺它不得；鸭肉好吃，但地位低；美食家都讲究喝鸡汤、吃鸭肉。第三道必备的菜是鱼，一般是两斤左右的草鱼，细嫩；鲫鱼太小，鲤鱼肉粗，不用。第四道菜要上猪肉，最好是猪脚或排骨。第五道必备的菜是海味，可用蛏干做汤，比如蛏干炖猪肚；墨鱼水发，做酸辣汤，墨鱼炖猪脚也行。过去山区重视海味，因为难得。这五道菜是必备的，鸡鸭鱼肉、山珍海味全有了，压得住阵脚。

"福建畜牧业不发达，羊很少，耕牛很宝贵，基本不吃牛肉和羊肉。其他菜就随意了，根据家庭口味设置，油炸荔枝肉，焖油豆腐，再上些炒菜配酒，比如炒腊鸭、大肠、冬笋等等，以好吃为主。"

年夜饭是一年收成的检阅，人神共飨，所以第一原则是隆重、丰盛。一定把公认的最好食物统统展示出来，至于是否好吃倒在其次。第二原则是非日常化。天天吃米饭，这时主食就要换成年糕和白粿；你也许经常吃鸡，但这时就要讲求气派，炖只全鸡；一年就这么一餐，什么复杂上什么，比如炸荔枝肉。越贫穷的家庭，寄寓在年夜饭上的希望越大。

北方的年夜饭与南方有所不同。天津老人宋正元细说起二十多年前的习俗。天津过年也是从腊月二十三（又叫小年）开始准备，买好可以吃到元宵节的鱼、肉和炸货。过去北方的冬天没有什么蔬菜，需要购买储存的主要就是大白菜（三四百斤）、土豆（约一百斤）、大葱（五六十斤）和大蒜头（六七辫，每辫二十五头）等。天津居民

平时吃面以及玉米、大豆等杂粮，每家居民过年的时候都能买到特别供应的两斤天津小站出品的“小站大米”，非常珍贵。

宋正元老人家的年夜饭吃什么呢？第一道是鸡；第二道是鱼，鲫鱼或鲤鱼；第三道是炖肉，炖一大锅红烧肉，吃到十五；第四道是四喜丸子，多种馅料糅合、油炸，个大如梨，象征团团圆圆。这些菜家家必备，接下来的是他家独有的：第五道年夜菜是烹对虾，第六道是木樨肉（木耳、鸡蛋和猪肉炒），第七道是炖牛肉，第八道是炒白菜。天津的年夜菜讲究“八热四凉”，所以还有四道凉菜：凉拌白菜心、酱货拼盘（火腿肠、猪肝等酱味）、炸花生米和糖醋面筋。主食吃米饭，过午夜12点吃饺子。

我对照了一下，天津与福建的年夜菜差异不大。鸡、鱼和猪肉都是餐桌上的主角；鸭子是南方水乡特产，天津较少见；福建不炸四喜丸子，但桌上会有鸭蛋或汤圆，也表达团圆的意思；天津邻近牧区，所以牛肉上桌，羊肉多用于包饺子，又邻近渤海，因此有海鲜。

春节是汉族的节日。作为一个农业民族，汉族社会的最大理想是“五谷丰登”“六畜兴旺”。“六畜”就是“马牛羊，鸡犬豕”。马、牛提供畜力，是人类的帮手，不会轻易宰杀；南方许多地区不养羊，我去省城读大学，才第一次吃到羊肉；狗肉仅在秦汉之前流行过一阵；真正为汉民族提供日常肉食的，只剩鸡和猪了。长江流域开发后，增加了鱼、鸭、鹅、兔等。鸡与“吉”同音，大吉大利，遂荣登中国年夜菜首席。猪是祭祀的三牲之一，体量巨大，能为宴席提供充足的肉食。鱼是较晚出现的南方食材，被赋予“年年有余”之意，因此堂而皇之登上北方餐桌。这三种年夜必备食材，体现了农业文明对于华夏民族的深远影响。

牛羊与海鲜，边疆过年吃的更鲜美

南方稻作区和北方麦作区均属于农业文明，是中国文明的主体。幸运的是，我国西北地区属于牧业文明，牛羊成群；东南沿海属于渔业文明，海产丰富。这两个地区，为我们的餐桌提供了更多的高品质动物食材，丰富了中国的年夜饭。

我在宁夏和甘肃吃过几回手抓羊排，很是喜欢，平生的美食愿望就变成了吃尽各种做法的羊肉。福建不产羊，偶尔吃到的也是山羊，连皮炖煮，味道很一般，与西北的绵羊大异其趣。我对妻子说，退休后我们去西北住上一年，天天吃手抓羊肉，直到吃怕，再回来吃海鲜。有次去新疆采访了一个多月，天天面对羊肉，才发现了一个麻烦——老塞牙缝。回来后我告诫朋友，去新疆一定要趁早，趁牙口还好。想起自己发现羊肉之美太迟，不禁感到遗憾。

新疆的汉人多为内地移民，年夜饭的三大传统肉食至少保存了两种：大盘鸡、红烧鱼，猪肉则被羊肉替代。羊肉或炖或烤，往往成为一桌菜的中心。牛肉虽非必需，却很常见，或炖牛肉煲，或卤牛肉凉拌下酒。在远离中原的瀚海沙漠，一桌有鸡有鱼、牛羊飘香的年夜饭，既承载着遥迢的故土之思，又体现了浓郁的牧区特色。

越近内地，牧区特色越少。我以为半农半牧区的甘肃，年夜菜里也少不了羊肉，但是当地的朋友高和告诉我："从前甘肃过年，鸡是一定有的；鱼一定有，是草鱼；猪肉叫大肉，也一定有；羊肉不一定，你喜欢就上，没牛羊也无所谓；蔬菜很少，没什么好挑选的，只有大白菜、土豆和萝卜。"

真正让羊肉成为年夜饭主角的舞台，是大草原上蒙古族的年夜饭餐桌。蒙古族牧民也过春节，除夕要吃"手把肉"，以示阖家团圆。锡林郭勒盟的牧民把整只羊放在大锅里煮，再摆到案头，羊头放在整羊上面，朝向年纪最长、辈分最高的长者。蒙古族的饮食，无论怎么变化，无非是烤全羊、羊背子、手抓羊排和羊肉馅蒙古包子之类，再配上奶茶奶酒，充满游牧民族幕天席地的奔放豪爽气息。

藏族重视的藏历新年，与汉族的春节日期接近，也有除夕夜吃团圆饭的习俗。高原民族的年夜饭独树一帜。据说，藏族传统的年夜饭，是用牛羊肉、萝卜、面疙瘩等做成的"古突"（面团肉粥），当然也免不了酥油茶和青稞酒。

与畜牧业发达的西北地区相映成趣，中国的东南沿海属于渔区，海洋捕捞和海水养殖业发达，为居民提供了丰富的水产。对于一个农业民族来说，海洋里的鱼、虾、蟹、贝类，面目狰狞，加工和食用困难，不易接受。那么，在沿海居民的年俗里，哪些海产会荣登除夕餐桌呢？

鸡和猪的地位并没有动摇；鱼则因地制宜，改成了咸水鱼。香港人的年夜饭，往往选用石斑鱼，此外还有一道"发菜蚝豉"必不可少——取"发财好市"之寓意，用发菜与牡蛎干一同焖煮而成。宁波人的年夜菜从前必有"雪菜大汤黄鱼”，也许因为野生大黄鱼基本灭绝，渐渐改为熏鱼，不知什么时候开始，“红膏炝蟹”成了必备的年夜海鲜。青岛人的年夜菜除了清炖或红烧黄花鱼外，常见的还有水煮大虾和海参肘子（或猪蹄）……虽说靠海吃海，但南海、东海和黄海的出产并不相同，南北的年夜海鲜五花八门，让人眼花缭乱。

“厦门的年夜饭与内地大同小异。”厦门文史专家李启宇告诉我，“无鸡不成席，一只全鸡是要的；厦门人爱吃鸭，这时倒不一定上；一个全猪头或全兔，看起来比较大方；鱼用一两斤重的黄花鱼，或者加腊鱼（真鲷鱼）、鲈鱼；海鲜里有个血蚶比较特别；菜丸子也是必备菜；一定有个火锅，烧木炭，所以叫围炉。其余就看个人口味了。糕点有年糕、发糕、龟粿等，主食吃炒米粉。

“虾可上可不上，从前还与市场供应有关。过年我没吃过蟹。以前蟹不贵，不算好东西。我想年夜饭先要祭天公、祭祖先，蟹那模样恐怕也不大合适。现在人都不讲究这些了。”

林良材先生是老厦门人，在他看来，血蚶是最有特色的一道厦门年夜菜，“血蚶一定要新鲜，烫一烫蘸醋吃。吃完后壳子洗净，要撒在床底下，初一不能扫出去，初五才能收拾。因为蚶壳就是贝，是古代的钱币，闽南话说‘蚶壳钱大赚钱’，蚶壳招财进宝，金银满室，很讨彩。旺螺名字也好，大家喜欢。”

谈到厦门传统年夜菜中的鱼，林良材先生说：“三十年前与现在不一样，养殖鱼很少，海里捕捞上来什么，你才能买到什么。捕捞来的野生海鱼，不是太大，就是太小，很少适合做全鱼的。比较多的人用加腊鱼，还有鲈鱼。黄花鱼很好，但过年不是黄花鱼的汛期，很难买到。春节带鱼上市，所以炸带鱼也是一道常见的菜。”

东南沿海水产丰富，但历史上以海洋捕捞为主，受海域、汛期、渔法等因素影响，没有形成统一的年夜菜。如今海水养殖业的规模已经超过了海洋捕捞业，随着保鲜、运输技术的进步，超市里，一年四季都有一斤左右的黄花鱼、规格整齐的鲍鱼、活蹦乱跳的大虾……

以农业文明为底色的年夜饭是在漫长的历史中形成的。中国的年夜饭还将融入畜牧文明和渔业文明的元素，在鸡、猪、鱼之外，羊肉、大虾或鲍鱼将逐步成为年节必备肉食，所有中国人都将分享这片土地的宝贵物产。除夕餐桌，将成为展示中华民族独特生存空间和生活方式的舞台。

粗粝与精致，南北菜系大有区别

中国食分南北，有“北粗南细”之说。北方饮食大气磅礴，大馒头、大饼、大葱、大酱、海碗……什么都讲究分量充足。“关中十大怪”提到陕西饮食，称“面条像腰带，烙饼像锅盖，碗盆难分开，泡馍大碗卖”。豪迈的另一面，就是失之粗糙。南方饮食玲珑剔透，姜丝细得可以穿绣花针，凡事总求小巧精致，如小碟、小笼包、小烧饼、一口酥。袁枚《随园食单》竟提到“作馒头如胡桃大”“小馄饨小如龙眼”——连我这个福建人，都觉得江南饮食过分精雕细琢了。

可想而知，南方人来到北国，遇到的最大困难就是饮食。周作人在《南北的点心》中说：“我初到北京的时候，随便到饽饽铺买点东西吃，觉得不大满意，曾经抱怨过这个古都市，积聚了千年以上的文化历史，怎么没有做出一些好的点心来。”北京是中国的政治中心和文化中心，但是在饮食上乏善可陈，似乎是一种共识——“京油子、卫嘴子”，有人说这句民谚应该理解为就连天津人都比北京人会吃。

周作人的青少年时期，是在绍兴、南京和杭州度过的，被江浙菜浸泡出一根精细的舌头。其间东渡日本，见识了更精细的东洋料理。23岁来到北平，感受到南北饮食的巨大差异。他嘲讽北方的点心可称“官礼茶食”，南方的则是“嘉湖细点”；他夸耀南方点心种类之多，有酥糖、麻片糖、寸金糖、云片糕、椒桃片、松仁片、松子糕、枣子糕、蜜仁糕、橘红糕、松仁缠、核桃缠……北方点心寥寥，一个“饽饽”统指。

讨论口味的地理特色最难。民间广泛流行“北咸南甜”之说，对于江浙人来说是对的，但湖南、江西人恐怕不同意；民间又有“东辣西酸”的说法，我就很不明白：四川和重庆怎么会是东部？醋缸子山西又放在哪里？清人钱泳的《履园丛话》中说：“北方人嗜浓厚，南方人嗜清淡。”这话倒很中肯。地理位置越往南，口味越清淡，闽粤沿海炖汤有时根本不放盐。徐珂的《清稗类钞》描述中国几大区域的口味说：“北人嗜葱蒜，滇、黔、湘、蜀人嗜辛辣品，粤人嗜淡食，淮扬人嗜糖。”正好对应清末形成的四大菜系——鲁菜咸香，川菜麻辣，粤菜清淡，苏菜甜软，算是比较流行的意见。

谈到菜系，历来有四大菜系或八大菜系之说。四大菜系为鲁、淮扬、川、粤菜，后又细化出了浙、闽、湘、徽菜，则为八大菜系。无论如何，北方只有一个鲁菜入列，证明在饮食文化的成就方面，南方菜以绝对优势压倒北方菜。

这是一个值得深思的问题。许多人指出，这是由于南方食材丰富、经济富裕、文化发达……都很对。但我觉得，南北饮食文化不对称，与主食不同大有关系。北方以面食为主，面条、包子、大饼、水饺等，都可以面菜合一，不必耗费精力整治菜肴。南方以米饭为主，全凭美味佳肴配饭，所以要挖空心思琢磨烹调技艺，最后名厨们走火入魔，已经不在乎菜肴是否下饭，只想做出满足人们舌尖快感的美食。如果说北方饮食志在满足人们的口腹之乐，注重功能；那么南方饮食的目标，已经转移到满足人们的口舌之乐，这一点偏差，把中华饮食文化从实用果腹提高到艺术审美。

以这样的认识为基础，可以想象，北方的年夜饭无非大块吃肉、大碗喝酒、大快朵颐，是珍贵食物的饕餮与挥霍，最值得称道的是热闹与排场。

东北地区沃野千里，山环水绕，自然条件优越。百年前的东北地区盛产小麦、玉米、高粱、大豆等旱作作物。著名歌曲《松花江上》描述的景象是“漫山遍野的大豆高粱”。但如今的东北却以盛产优质粳米著称，是我国北方最重要的稻作区。这要感谢喜爱稻米的朝鲜族移民的贡献。清末民初，他们就开始在这片寒冷的土地开垦水田，试种水稻，改变了当地的农业地理景观，让东北变成了“鱼米之乡”。

东北的冬季严寒漫长，蔬菜有限，人们习惯于大量腌制酸菜过冬，形成了较重的口味。东北人多为山东移民的后裔，饮食深受鲁菜影响，保留了包饺子过年的习俗。但因条件有限，年夜饭不尚奢华，只要桌上出现传统的“四大件儿”——鸡、鱼、排骨和肘子——就行；烹饪倒也简单，以大锅乱炖为主，例如小鸡炖蘑菇、猪肉炖粉条、东北乱炖等。著名的东北乱炖就是将豆角、土豆、茄子、南瓜、番茄等蔬菜，配上排骨一起炖熟，又称“大丰收”，有荤有素，丰富饱满，符合东北人质朴豪放的天性。

西北地区的草原、沙漠辽阔，是我国重要的牧区，也是古丝绸之路的门户，饮食深受中亚和西域影响。唐代的长安，一度流行“胡食”。如今西安人最喜欢的牛羊肉泡馍，学者考证说就是牛羊羹与烙饼结合而来的，属于“胡风”余韵。西北地区的肉食以鸡、羊为大宗，更因为不少民族信仰伊斯兰教，清真菜盛行。所以西北汉族的年夜饭里，孜然羊肉、烩羊杂碎、羊肉炒面片、烤全羊、手抓羊排……从食材加工到烹制，都与内地饮食差异很大，具有明显的异域风格。

山东位于黄河下游平原，东濒大海，土地肥沃，物产丰饶。鲁菜分为济南菜和胶东菜，前者擅长陆珍，后者擅长海味，兼收并蓄，博大精深，成为唐宋北食的唯一传人，对整个北方地区的饮食传统产生了重大影响。因为孔府菜注重礼制，以其为基础，鲁菜自古与庙堂文化密切结合，传入京城后影响了宫廷菜。皇家气派的鲁菜，有形式大于内容的一面，浓烈张扬的"满汉全席"就是一例——山珍海味并陈，更像是祭祀。但是在许多方面，鲁菜已经融入了华北民众的年节和喜庆生活。山东有"无整不成席"的说法，凡宴席必有"四整"——整鸡、整鸭、整鱼和整虾，这不妨看成鲁菜筵席艺术的民间化。普通家庭的年夜饭里，少不了香酥鸡、扒鸭子、糖醋鲤鱼、油焖大虾这几道大菜，如此才撑得起场面。

糟熘鱼片、油焖虾，是鲁菜里的经典，极受欢迎。有意思的是，如何处理鱼虾，南北差异很大，这里不妨与福建进行一点比较。厦门人认为：活鱼的第一选择是清蒸，或简单加点酱油水煮，食其本味，不大新鲜的鱼才考虑糖醋红烧，靠调味使其可口；活虾的第一选择也是清水白灼，赏其鲜嫩，舍不得爆炒或油焖。北方人不容易接受这种观念。宋正元夫妇在厦门生活了几年，仍不习惯酱油水煮鱼，他们说厦门人只讲原汁原味，不重视加工，实在太潦草。"他们煮鱼没过油，就加点酱油，清淡无味。"宋夫人说，"我们天津人煮鱼，先过完油再熬，加很多配料，比如葱、姜、蒜头、酱油、糖、醋、八角、料酒、淀粉，炖的时间久，花的工夫多，像山东人说的'千滚豆腐万滚鱼'。入味，鱼才好吃。"

我觉得二者体现了两种不同的烹调哲学：鲁菜重视技艺，认为烹调就是动用所有手段改造食材，满足食客口味；闽菜尊重原料，认为烹调的目的是阐发食材之美，万物各有至味。

考虑到鲁菜的巍峨存在，笼统断言北方菜粗糙，显然不够慎重。事实上，作为官府菜和宫廷菜的源头之一，鲁菜将传统烹调技艺推向极致，擅长爆炒、深炸、酱烧，重葱重蒜，把普通的食材复杂化，变成一道道色浓油亮、口味深厚的美食，例如酥锅烧肉加藕盒、熏肉、九转大肠、葱烧海参等名菜。有博大精深的鲁菜支撑，华北地区的年夜饭方显得浓墨重彩、华美壮观，以之代表中华饮食之正宗，亦不为过。

芊芊闺秀与活泼辣妹的舌尖之战

菜系是饮食文化高度发达的标志。任何一种菜系，总是奠基于特定的地理气候环境、生态环境和文化环境，所以才会形成独特的饮食美学特征。菜系之间的竞争，是一场舌尖之战，此战中争夺的，是定义美食的权力，我们也可从中看到口味在历史和时尚中的变迁。

扬州美食天下闻名。这里且不说年夜大菜，单说扬州人对素食的激情。读过一篇文章，介绍扬州人过年，荤食之外，许多人家必备一个“十全菜”。所谓十全菜，就是以咸菜为主，里面有菜和配料共十种，包括胡萝卜丝、笋丝、豆干丝、莲藕、野荸荠、冬笋、黄花菜、香菇、豆芽、木耳、花生、黄豆等时令鲜蔬。找齐十种，已经够麻烦了，更麻烦的是这十种菜不能混合，必须一样一样下锅，加料炒熟，再分盛在一个个瓷碗里，红黄白绿，清爽可人。

淮扬菜毕竟家底厚实，其他菜系就算荤菜超过了扬州人，素菜也未必能及。饮食文化的影响力，见诸普通百姓的日常生活，方能言其大。

淮扬菜为苏菜代表，历史比苏菜更悠久。作为中国四大菜系之一，苏菜是唐宋南食的嫡传，广泛流行于长江下游地区，后来划分八大菜系时将苏菜与浙菜并列。长江下游平原河湖密布，素有“鱼米之乡”的美称，是中国的经济中心和文化渊薮。苏菜体现了南方官僚士大夫的趣味，精致甜美，匠心独运，充满艺术气息。清末，苏菜风靡全国，《清稗类钞》称：“肴馔之各有特色者，如京师、山东、四川、广东、福建、江宁、苏州、镇江、扬州、淮安。”十处饮食地，半数落在江苏，足见声势之壮。

苏州人过年一点也不含糊。八宝饭、蛋饺必备，各色苏式点心，醉鸡、八宝鸭、红烧肉、糖醋排骨、松鼠鳜（guì）鱼、响油鳝糊、油爆虾、清蒸鳗鲞……哪一道菜都经过千锤百炼，让年夜饭熠熠生辉。苏菜以甜咸著称，容易腻口，因此苏州人的年夜餐桌上，还有清新的水芹、青菜和黄豆芽，调剂口味。

鲁菜与苏菜，堪称传统饮食文化中的贵族，近半个世纪以来，有落寞之势。川菜和粤菜则异军突起，气势如虹。

明末，一种不起眼的作物从海路传入中国，具体的路线未知，因为沿海的广东、福建人都不感兴趣，没有栽培和记录。倒是一位浙江人高濂在《遵生八笺》（1591）中提到它："番椒丛生，白花，果俨似秃笔头，味辣色红，甚可观。"这是中国有关辣椒的最早记录。江浙人嗜甜，对辣椒也没兴趣，高濂是把它视为观赏植物记录的。跳过沿海省份，辣椒传到内地，在长江中游的江西、湖南、湖北、贵州等省份遇到知己，开始大规模种植。清初"湖广填四川"，辣椒随着移民的脚步来到四川。

川菜历史悠久，早有使用花椒、胡椒的传统，但表现平平，局限于四川盆地。辣椒来了，它终于等到了自己的主帅，如虎添翼，以麻辣威震天下。

据蓝勇先生的研究，中国的食辣版图大致是这样分布的：长江上中游流域的四川（含今重庆）、湖南、湖北、陕西南部等地，以及相近的云南、贵州及江西西部和南部山区、安徽南部山区和甘肃南部山区，都属于重辣区。吃辣的最重要因素是该区"冬季冷湿、日照少、雾气大"，而辛香料本身有去湿祛寒的功能。华中和西南地区的食辣特点还可以细分，川菜的大本营四川与重庆重麻辣，贵州酸辣，湖南只辣不麻——后来自成湘菜。

西南地区的年夜饭，被舶来的红辣椒点燃，浓情似火，轰轰烈烈。宫保鸡丁、烧鸡公、红油鸡腿、魔芋烧鸭、酸菜鱼、东坡肘子、粉蒸排骨、水煮肉片、辣子肥肠、毛肚火锅、川味香肠……佳肴虽众，要之辣味当道，让你吃得嘴唇哆嗦、酣畅淋漓。

大众川菜是一种江湖菜，食材寻常，烹调简便，其灵魂是重油、麻辣，最宜提振食欲，佐酒下饭。川菜在重辣区极受欢迎，在微辣区——东北、华北和西北——通行无阻，随着"川军"大规模涌向沿海地区务工，川菜馆在沿海城市也遍地开花。出差到西藏，看到满街的川菜馆，我才发现连世界屋脊也被川菜纳入版图。短短三十年，川菜四面出击，建立起一个庞大的饮食帝国。

当川菜席卷全国的时候，唯有东南沿海省市不为所动。江浙沪拒绝辣椒，是因为吃惯了甜食，甜辣相克；闽粤拒绝辣椒，是因为舌尖清淡，不耐辛辣。从全国的角度看，闽粤（包括原属广东的桂东南）沿海是中国口味最清淡的地区，低盐、少油、无辣，并且早已形成粤菜和闽菜，实力坚强，是川菜一统江山的最大障碍。

岭南地区属于热带、亚热带，负山面海，物产极为丰饶，山珍海味齐备。其饮食文化主体来自中原，融合了原住民族、海外诸国的饮食文化，逐渐形成了用料广博、注重生鲜、调味清新的特点。广东人什么都敢吃，这一点，南宋周去非的《领外代答》已经提及："深广及溪峒人，不问鸟兽蛇虫，无不食之。"与川菜一味麻辣不同，粤菜作料简省，点到即止，重视发掘食材的本味。鲁菜、苏菜和粤菜都有海鲜菜，鲁菜葱爆酱烧，苏菜腌晒油焖，唯粤菜一味追求生猛。

粤菜深受欢迎，是因为在各大菜系中，粤菜最符合今人崇尚自然、健康的饮食潮流。崇尚自然的代价很昂贵，所以主打生猛海鲜的高端粤菜率先在香港与海外崛起，改革开放后，再挟珠三角地区的强大经济实力北上，攻城略地。粤菜清高自持，抢占全国一、二线城市的高档餐饮据点；川菜走的是实惠和亲民路线，横扫全国的街头路边菜馆，二者倒也相安无事。川菜的主战场在国内，粤菜的主战场在海外——世界各地的中餐馆多为广东人所开，在外国人看来，粤菜才是中华饮食的代表。

年夜饭注重意头，每道菜都有个说法，广州的年夜菜也是如此。在网上，我找到了一位粤菜师傅为广州市民设计的年夜菜单，一共九道：竹报平安（白灼游水虾）、春晓报喜（翡翠水晶鸡）、发财就手（发菜焖猪手）、年年有余（清蒸海鲈鱼）、财源滚滚（慈姑焖火腩）、带子上朝（腰果鲜贝炒虾仁）、富贵长春（蚝皇鲍汁扒生菜）、合家欢聚（西芹百合炒腊肉）、发财大利（发菜和俗称"猪脷"的猪舌或俗称"猪横脷"的猪胰脏合煮的汤）。这桌年夜菜充满南国特色，山珍浓墨，海味轻写，搭配相宜；又仿佛一场祈福仪式，每道菜代表一个新年愿望，演绎代表普通百姓梦想的吉祥、如意、财运和富贵。

闽粤菜系的分类与方言族群的分布关系密切。通常认为，粤菜包括三支：广府菜、客家菜和潮汕菜；闽菜亦包括三支：福州菜、闽南菜和闽西（客家）菜。如果按方言族群区分，闽粤共分闽菜（福州菜）、粤菜（广州菜）、客家菜和潮菜（包括闽南菜）四种菜系。潮汕人说闽南方言，善于烹制海鲜，因为与广州人方言习俗不同，最反感别人把潮菜归入粤菜，总想自立门户。他们在香港等地开张酒楼经营燕鲍翅，只打潮菜的牌子。

于是，粤菜方兴未艾，又冒出一个主打高级海鲜的潮汕菜。比起广府菜，潮汕菜对海鲜的生鲜度要求更高，作料更清淡，烹制更简洁。特别强调按个人口味蘸料食用，所以佐餐蘸料非常丰富，符合当今的个性化潮流。潮汕籍海外富商很多，潮汕菜寄生于粤菜这株大树，沿袭粤菜成名的路径，先在香港和海外设立顶级餐馆，再北上京沪，争夺最高端消费人群，近年来迅速蹿红。潮州人十分自负。我采访过一位潮汕菜大厨，他对“吃在广州”之说嗤之以鼻，认为广州人根本不会做菜，潮州菜才是高于四大菜系、八大菜系之上的顶级中华料理。

春节尚未过时，美味仍在荟萃

厦门是移民城市，一到春节，人口消失了大半。因为禁放鞭炮，街景像无声电影里晃过的画面，更显得冷冷清清。欢乐失去了欢呼，如同佳酿挥发了酒精，了无趣味。热闹其实主要来自声音和气味。小时候在农村，早早就能从空气中嗅出年的气息，酿酒、腌菜、蒸糕点、炒花生、炸肉……空气中洋溢着诱人的食物气息。旧历年的最后一天，杀鸡宰鸭，许多平时难得一见的美味佳肴，芳香四溢，荟萃于除夕餐桌。

年味越来越淡，只因随着生活水平的提高，年夜饭失去了吸引力。鸡鸭鱼肉，那些从前曾激发我们无穷想象的美食，已褪去光环，有时候光想想都觉得腻歪。母亲每到过年就抱怨：吃什么呢？你们想吃什么？儿女们都说随便，您随便做。只好年年依旧。

春节是农业社会的产物，其日期是根据太阳和月亮的运行轨迹推算出来的，相当复杂，我们总要翻历书才知道农历的哪天是哪天。它的特点，首先，定位于冬季农闲时节；其次，为立春前后，四季开始新一番轮回；最后，除夕必为月黑之夜。如今，大量人口汇集于城市，既不在乎秋收冬藏，也不关心日月盈昃，过春节的理由实际上已经消失了。

历史上曾经失落过许多节日。古人经常题咏的上巳、春社，如今只有极少数学者记得这些日子。还有一个寒食节，宋人把它和冬至、春节并列为三大节，如今也消失得无影无踪，只留下“况逢寒食倍思家”之类的一些古诗。

春节还没有消失的危险。但年夜饭失去光芒，颇为遗憾，如何恢复我们对于它的渴望呢？也许，突破地域局限，将华夏各地的美食引进我们的除夕餐桌，传统与创新并重，可以增加年夜饭的吸引力。

年夜饭是家人——包括神灵与祖先——共享美食的重要仪式。在中国历史上，天灾人祸频仍，食物匮乏成为普通民众的日常危机。一顿丰盛的年夜饭，曾经是人们清贫生活中所能得到的最大犒劳，是辛勤一年的农夫为家人创造的现世天堂。这种时代已经过去，我们对美食提出了更高要求：仅仅丰盛不够，还要烹制得宜、诱人食欲，让我们的舌尖颤抖、迷醉。

人类的主要食材非常稳定，鸡鸭鱼肉牛羊虾蟹，依然是我们的最佳肉食。所能改变的，是加工和烹调方法，所追求的是利用已有食材得到崭新体验。今年不想再吃德州扒鸡了，我想换成辣子鸡丁；年年吃香酥蟹，今年试试浙菜里的红膏炝蟹如何？在物流便捷的今天，东西食材，克服了地域和季节限制；南北菜系，提供了千百道打动过无数食客的菜谱。不必在意神灵和祖先的感受，让美食照亮除夕，或许能够恢复我们对于食物的激情。

在新旧年交替之际，家人团聚，共享美食，一同聆听岁月的脚步，感叹人生之匆迫。

还有比这更有意义的时刻吗？

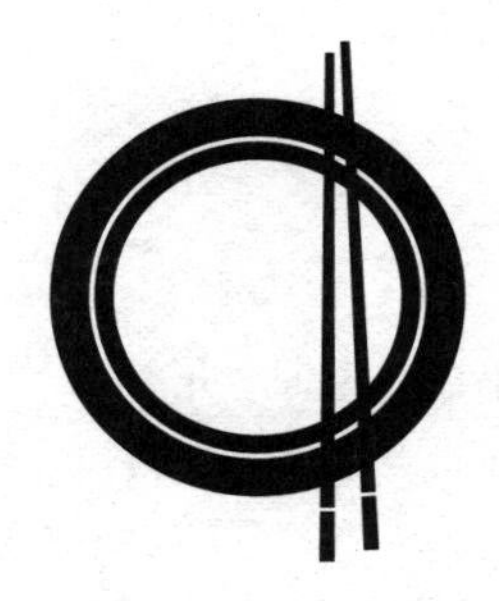

久·等

年夜饭一百年

文/小宽

○旧时过旧年，“暖锅”是标配

1910年春节，宣统二年，末代皇帝溥仪那年四岁。按照惯例，皇室会在太和殿举行国宴，招待王公贵族和外国使节，皇帝只会出于礼节亲临，而不进食。宴会菜品极尽奢靡，据记载：“太和殿大宴原设宴桌210席，用羊百只、酒百瓶。”事实上，四岁的溥仪也没有吃什么东西，因为他还太小。

那一年的上海，已经流露出关于春节的某些洋派的气质。春节当天（2月10日）出版的《申报》上有一篇杂谈：“新年各处同也，而上海之新年特别者：门上悬松柏，西例也；贺岁穿貂褂，京式也；体面商人元旦必手笼箭袖，仿宫派也；地方绅董初三日穿补褂拜年，忘忌辰也。”

春节之食，即便在动荡的帝国之末，也未曾改变其面貌。阖家、祭祖、团圆、互道新禧，都是必然的路数。于大部分人来说，美食是奢望，能吃一顿饱饭已经是安慰。

两年后的1912年，孙中山就任中华国临时大总统，宣布改用公历。那是一个一切求新的年代，旧的、传的，皆要废除，包括旧历中的新年。指农历岁首的元旦和新年被用来公历1月1日，农历岁首则叫“春节”政府发出告示：“凡各地人民应将历新年放假日数及废历新年前后沿用之各种礼仪娱乐点缀，如贺年团拜、祀祖、春宴、观灯、扎彩、贴联等一律移置国历新年前后举行。

1935年，一位作家写下一段关于国人与食物的文字。他说：“人世倘有任何事情值得吾人的慎重将者，那不是宗教，也不是学问，而‘吃’。”这个人是林语堂。同是在1935年，林语堂写下了一篇

——《记元旦》："我再想到我儿新年的快乐，因而想到春联，红，鞭炮，灯笼，走马灯等。在阳历年，我想买，然而春联走马灯之类买不到的。我有使小孩失了这种快乐的权利吗？我于是决定到城隍庙一，我对理智说，我不预备过新年，不过要买春联及走马灯而已。"

是1935年，鲁迅也写了一篇文章——《过年》："我不过旧历年已经二十三年了，这回却连放了三夜的花爆，使隔壁的外国人也'嘘'了起来，这却和花爆都成了我一年中仅有的高兴。"从1912年开始，鲁迅就没有过过旧历年，过年对他来说，无所谓节日，更无所谓年夜饭，只是年纪大了，喜欢和孩子们一起放鞭炮。在之后的1936年春节，那也是鲁迅生命中最后一个春节，他在日记里写道："阴历丙子元旦。雨。无事。晚雨雪。"

鲁迅不是一个喜欢过年的人，但他的著名小说《祝福》是以过年为开头的："旧历的年底毕竟最像年底，村镇上不必说，就在天空中也显出将到新年的气象来。灰白色的沉重的晚云中间时时发出闪光，接着一声钝响，是送灶的爆竹；近处燃放的可就更强烈了，震耳的大音还没有息，空气里已经散满了幽微的火药香……杀鸡，宰鹅，买猪肉，用心细细的洗，女人的臂膊都在水里浸得通红，有的还带着绞丝银镯子。煮熟之后，横七竖八的插些筷子在这类东西上，可就称为'福礼'了，五更天陈列起来，并且点上香烛，恭请福神们来享用，拜的却只限于男人，拜完自然仍然是放爆竹。"

在某种程度上，春节属于童年。梁实秋写过一篇文章——《北平年景》："吃是过年的主要节目。年菜是标准化了的，家家一律。人口旺的人家要进全猪，连下水带猪头，分别处理下咽。一锅炖肉，加上蘑菇是一碗，加上粉丝又是一碗，加上山药又是一碗，大盆的芥末墩儿，鱼冻儿，肉皮辣酱，成缸的大腌白菜，芥菜疙瘩，一一管够，初一不动刀，初五以前不开市，年菜非囤集不可，结果是年菜等于剩菜，吃倒了胃口而后已。"

饺子也是必需品，梁实秋写道："北平人称饺子为'煮饽饽'。城里人也把煮饽饽当做好东西，除了除夕宵夜不可少的一顿之外，从初一至少到初三，顿顿煮饽饽，直把人吃得头昏脑胀。这种疲劳填充的方法颇有道理，可以使你长期的不敢再对煮饽饽妄动食指，直等到你淡忘之后明年再说。除夕宵夜的那一顿，还有考究，其中一只要放进一块银币，谁吃到那一只主交好运。家里有老祖母的，年年是她老人家幸运的一口咬到。谁都知道其中作了手脚，谁都心里有数。"

那时的年饭标配是暖锅，就是梁实秋说的一锅炖肉，加上蘑菇、粉丝、山药，一碗又一碗的，上海称作"全家福"，到了安徽，则是胡适家的"一

变与不变的中国年

湖南省洪江市托口镇。点一根烟，用烟点一串鞭，勇敢地举着鞭炮至其将燃尽之时丢开……这是很多人记忆里过年时候父亲的英雄形象。虽然年夜饭一直在变迁，但鞭炮与中国年的相依相伴几乎未变。

摄 _ 范洪

有饺子

辽宁省鞍山市。1960年春节。鞍钢工人于德举失而复得一个儿子，与重新团聚的家人一起过年。“迎春的饺子多么味美可口。‘新加家来的小哥哥，你多吃点吧！’”当年的记者这样写道。

摄 _ 苗明

品锅”，据梁实秋撰文回忆：“一只大铁锅，口径差不多有二尺，热腾腾地端了上桌，里面还在滚沸，一层鸡，一层鸭，一层肉，一层油豆腐，点缀着一些蛋饺，紧底下是萝卜青菜，味道好极。”到了广东的客家，则是盆菜，各种食材分门别类，层层堆积，里面的内容没有一定之规，一般会有萝卜、猪皮、鱿鱼、冬菇、鸡肉、炆猪肉，上层总会是精贵的食材，下面是吸收汤汁最佳的食材，一层层地团圆着吃。

有一年的春节，蒋经国记了一辈子。那是1949年1月28日，农历除夕。这一天，蒋介石回到了浙江奉化溪口老家，“全家在报本堂团聚度岁，饮屠苏酒，吃辞年饭，犹有古风”。吃过年夜饭后，蒋介石还从溪口请了几位京剧名流来唱堂会。1月29日大年初一一早，蒋氏父子便去宁波城内蒋家宋朝祖基金紫庙祭祖，接着又回溪口宗祠及大、二、三、四房祖堂祭祖。大年初一下午，蒋介石独自“在慈庵读书散步”，晚上“溪口五十里内乡人，纷纷组织灯会，锣鼓彻天，龙灯漫舞”。蒋经国在日记里写道：“自民国二年以来，三十六年间，父亲在家度岁，此为第一次……我们能于此良辰佳节，得庆团圆之乐，殊为难得。”

这是蒋介石在大陆过的最后一个春节。年底，他飞赴台湾，此生未返。

○饥饿年代，凭票过年

1949年9月27日，中国人民政治协

有酒

北京市。1987年春节前夕。经过排长队买到酒的年轻人喜出望外。在匮乏的年代，光有钱买不到东西，得凭票；有钱有票也不一定能买到东西，得赶早排队，甚至得找人、托关系。摄_蒋铎

商会议第一次全体会议决定沿用公元纪年法，将公历1月1日定为“元旦”，农历新年定为“春节”。

1949年12月10日，蒋介石从成都离开大陆，20天之后的12月30日，中国人民解放军第一野战军司令员贺龙率解放军进入成都。1950年的春节，成都过得有些安静。往年要祭灶，这一年人们担心共产党不讲迷信，这个活动就取消了。大户人家往年要舞狮、耍龙灯，这一年也停了；有的甚至换上旧衣服，吃咸菜，以标榜自己是无产阶级。鞭炮自然是不敢放，怕被混淆成枪炮；年夜饭也都吃得安安静静，怕被当成地主老财、革命对象。

这一年的春节，毛泽东是在苏联莫斯科度过的，这也是他唯一一次在异国他乡度过春节。毛泽东对过春节也不太在意，他的厨师程汝明回忆，有一年的年夜饭，他做的是不放酱油的红烧肉、腊肉苦瓜、辣椒圈、鱼头豆腐、盐水鸡、扒双菜和一小盆三鲜馅饺子，加上中午的剩菜……[①]1962年1月31日，毛泽东私人宴请溥仪，还请了章士钊等作陪，桌上只有几碟湘味辣椒、苦瓜、豆豉等小菜和大米饭加馒头，唯一能撑点场面的是有瓶葡萄酒。[②]

而在民间，春节的政治性慢慢超过了传统性。五六十年代，人们讲究过“革命化”春节，春节期间

① 摘引自《我做毛泽东卫士十三年》第145页，李家骥回忆、杨庆旺整理，北京：中央文献出版社。
② 摘引自《毛泽东年谱》（1949～1976），北京：中央文献出版社。

要“抓革命，促生产”，在广大农村，“农业学大寨”、移山填海、开沟挖渠、大兴水利、大造梯田也是春节的一景，当时的流行春联是“三十不停战，初一坚持干”。并且实行五不准：不准放鞭炮，不准烧香拜佛，不准滚龙舞狮，不准大吃大喝、铺张浪费，不准赌博。

与“革命”联系在一起的还有饥饿和物资匮乏。这是经历过20世纪五六十年代的中国人的普遍记忆。

1957年2月3日出版的《北京日报》上的一篇报道记录了一户普通人家的年夜饭：“我们买了几斤肉、一只鸡、一条鱼，加上点青菜、豆腐，够我们一家子快快活活地吃几天的了。”然而到了1958年的春节，国家对猪肉、牛羊肉、鲜蛋、红白糖、粉丝、糕点等种种副食品实行凭票定量供应。每月每人供应猪肉六两，牛羊肉五两。另外，五一节供应鲜鱼，端午节供应粽子，供应时间在三天至七天以内，售完为止。到了1959 年，市场副食品供应全面紧张，对大白菜、萝卜、葱、蒜、糕点、糖块也按人口分配，采取限量供应或凭票证供应的办法。

辽宁省铁岭市老人李连举在日记里描述1960年的春节：“一个大食堂里，黑压压的几百号人，喝着极稀的粥，还掺了点树叶子磨成的粉。那树的叶子平时是蚕农们养蚕用的。粮食局每个人都发到一斤细面和一斤肉一想到回家包饺子过年，每个人都滋滋的，但自家吃饺子，左邻右舍么办？后来家里人一人平均吃到两饺子，那两个饺子成为春节期间家吃的唯一一顿细粮。”

能吃到白面已经足够叫人羡慕了，任新华社高级记者的李锦是江苏射人，他写了一系列回忆饥饿年代的章：“大概过去一个多月，米就看到了，从北方运来一批地瓜干，吃了，便是整锅的胡萝卜缨子，后来吃淀粉圆子，那是把玉米皮与秆碾碎磨成面做的。这时候，便吃榆皮了，榆树从底部到顶梢是一片白都被人们吃光了。”1959年春节李锦家里吃的是一锅胡萝卜：“大三十晚上，我们吃的是胡萝卜饭，少很少的米，也没有菜，是切碎的萝卜里撒上一把盐。”

在“文革”期间，年夜饭变得更加朴。要忆苦思甜，一家人围坐在毛席像下吃饭，吃饭之前往往还有一“斗私批修”家庭会。日常生活在命的名义下变成了政治生活，原本家团圆的年夜饭，也只能悄无声息进行。春联还在，而传统的吉祥语不在了，取而代之的是“翻身不忘产党，幸福不忘毛主席”“东风浩革命形势无限好，红旗招展生产战气象新”之类的政治语言。互相拜也不再用以前的老礼，“恭喜发财变成了“祝你今年能够在‘文化大

’中取得新的成绩”。

邻居烧了汤年糕，盛一碗相赠

年难过年年过，即使物资如此紧，吃一顿年夜饭也是家家户户的望。60年代的上海条件要比大多地区好很多，上海厨师李兴福回60年代的上海人如何精打细算过节：“那时买鱼要鱼票，买蛋要蛋，买豆制品要豆制品票，为了一年夜饭，每户人家往往要在年前的个月开始省吃俭用，囤积票子用于年大采购。每年年前，小菜场里半三点钟开始排队。要买到些禽类过，大致得花6~8个小时，冬天脚也冻僵，为的就是饭桌上的一碗蒸带鱼、一锅老母鸡汤。”

到了1970年，年夜饭上可以选择的食物要多一些了，那年春节期间的《人民日报》报道：“北京春节期间粮、油、肉、蛋、水果、茶叶供应充足，市场上还出现了如黄瓜、西红柿、豆角等一些夏令蔬菜。”

上海美食作家沈嘉禄回忆70年代的上海春节食俗，年糕是家家户户都要吃的，“买年糕也要排队，还要凭户口簿，小户多少，大户多少，还煞有介事地盖个章，防止有人多买。有些人家连年糕也买不起，户口簿就借给邻居买，邻居烧了汤年糕，盛一碗相赠，也是情意暖暖的。门槛紧的上海人不买刚从厂里做出来的年糕，因为此时

有“九斗碗”
四川人口中的“九斗碗”，又名坝坝宴、九大碗、九个碗，原指以软炸蒸肉、清蒸排骨、粉蒸牛肉、蒸甲鱼、蒸浑鸡、蒸浑鸭、蒸肘子、夹沙肉和咸烧白这九种蒸菜为主组成的宴席，更指菜多量足的大场面。物质越来越丰足，九斗碗也越来越名副其实了。
摄＿陈锦

属于孩子的年
北京市。2009年初。新衣服平时也可以随便穿了；想吃饺子随时可以买到；不待腊月扫除，有钟点工，家里时刻窗明几净……人们对过年日渐麻木，也许只有孩子的欢笑是最真心的。
摄＿耿艺

的年糕含水量大，称分量显然吃亏。过一夜，甚至等年糕开裂，分量就轻了。此时用同样的粮票钞票买，年糕可能多出一两条来。平常上海人吃青菜汤年糕，加一勺熟猪油，又香又鲜，可以吃一碗。过年时则吃黄芽菜肉丝炒年糕，上品点儿的，做一盆韭黄肉丝炒年糕，招待客人体面过人噢。”

1976年春节，是毛泽东过的最后一个年。张玉凤在后来的回忆文章中写道：“年夜饭是我一勺一勺喂的……他在这天依然像往常一样在病榻上侧卧着吃了几口他历来喜欢吃的武昌鱼和一点米饭。这就是他的最后一次年夜饭。

“饭后，我们把他搀扶下床，送到厅。他坐下后，头靠在沙发上休息静静地坐在那里。入夜时隐隐约约见远处的鞭炮声，他看着眼前日夜伴他的几个工作人员。远处的鞭炮使他想起了往年燃放鞭炮的情景。用低哑的声音对我说：‘放点爆吧。你们这些年轻人也该过过节。就这样我通知了正在值班室的其他名工作人员。他们准备好了几挂鞭在房外燃放了一会儿。此刻的毛泽听着这爆竹声，在他那瘦弱、松弛脸上露出了一丝笑容。”①

① 引自逄先知：《〈毛泽东传〉对建国以来几个重大历史问题的研究》，载《毛泽东思想》2006年5期。

粮油食品丰富了，“春晚”上了

到1979年，北京的市民们终于不为年夜饭发愁了，尽管那时候还凭票供应。当时的报纸上记载：“春节市场上有金浆、西泉、潞泉酒投放市场，大核桃巧克力、话糖等恢复生产，蛋香饼干、香酥饼干、特制蛋糕、巧克力棍糖等11种新产品安排生产供应。”1980年，由中国粮油食品进出口公司北京分公司试制的猪肉白菜馅速冻饺子开始在东单等六大菜市场出售。到了1981年，报纸上说：“北京居民春节每户供应4～8元一斤的花茶二两，大料、黄花、木耳各一包，大白菜20斤，一斤粮票豆腐及一斤粮票豆制品。”1983年春节所在的2月份，城镇居民每人供应富强粉三斤、小杂豆一斤、江米一斤、花生油四两、香油一两、花生半斤、瓜子三两、麻酱一两、鱼二斤（定量内每人保证半斤黄鱼）。1984年，全市11个副食店出售不凭本豆腐。1985年，低度酒、补酒热销，多家西餐厅爆满，新侨饭店等为家宴提供罐装、袋装西式名菜……

1992年，西单菜市场推出五种家庭套餐，每套50～70元，回家简单一加工就是丰盛的年夜饭。1994年，人们开始外出吃年夜饭。1996年，餐馆里的年夜饭也开始需要提前预订了……

一场变革开始了，而变革的细节总是从一餐一饭中体现出来。80年代，人们的年夜饭上添了一道“大餐”，那就是从1983年开始的春节联欢晚会。那一年给观众留下印象最深的节目当属王景愚绕着桌子“吃鸡”，而李谷一一口气唱了《乡恋》等七首歌曲。1984年，陈佩斯和朱时茂第一次参加春节晚会，《吃面条》的成功使小品成了气候；一曲《我的中国心》全国传唱；《难忘今宵》几乎成了后来每届晚会的结束曲……大年三十，一家人一边包团圆饺子、吃年饭，一边看中央电视台现场直播的春节联欢晚会，中国百姓渐渐约定俗成了这样一种独特的过节方式。

○80后的记忆，寻常华北的寻常温暖

同样是80年代，我出生了，对于年夜饭，我拥有了个人记忆。

我的老家在河北的一个小镇，小时候过年前要杀猪，我和爸爸去赶集买年货。我记得爸爸当年锃新的黑色二八自行车，永久牌，我坐在自行车的大梁上。

那是80年代的末期，空气中似乎有“年味儿”：鞭炮屑的火药味、熏肉味、大白菜味、冰冻的带鱼味、葱花炝锅的味、蒸年糕味、油坊的芝麻香油味、刚写好的春联未干的墨汁味、

澡堂子里的蒸汽味……种种味道散漫在镇上，似乎刚下过一场雪，踩上去有咯吱咯吱的声音，过年的味道就从路边的积雪里冒出来。爸爸会买许多年货，放在自行车后座上，再慢慢地骑回家。

此时妈妈已经在家准备过年的馒头，蒸上几笼，屋子里都是蒸汽。奶奶手巧，会在过年的时候动手做一些别致的面食：剪出几个刺猬；用红小豆点缀作眼睛做几个兔子；还会费心地做几个面老虎——会做别出心裁的面食，也是考验一个主妇能干的标准。

妈妈每到过年才会熏一次肉，锅底放糖，肉煮好了，放在铁质的烙子上，上糖色，最后放到陶制的坛子里腌制。这是我小时候美味的极致，我经常忍不住诱惑，偷偷掰一块迅速放到嘴里，自以为不会被大人发觉，似乎是我自己的秘密。

春联都是邻居家爷爷写的，我那时不懂书法中的异体字，经常给爷爷挑毛病，说“春”字不应该那样写。鞭炮都被放到杂物间，我总是一个个拆开，小心翼翼地点着，似乎这样能听到更多的声响。

年夜饭是最隆重的一顿饭。我要给长辈拜年，穿上之前觊觎已久的新衣服，吃饭之前先要在院子里放一挂鞭炮。煮饺子，妈妈做鱼，鱼一定是有头有尾的，还有红烧肉，少不了糕；家里所有的灯全部打开；即在这天失手打碎一个盘子，大人也说“岁岁平安”；爸爸会喝一点儿酒，我很小就开始陪着他喝酒，不这是过年才有的特权。

这只是我记忆中的一顿年夜饭，也华北平原寻常人家的一顿寻常年饭，未曾隆重，却也热闹，不擅烹饪却也美味，一菜一味都融入记忆。

每个人心中都有一顿年夜饭，上海吃蛋饺，广州要吃盆菜，湖南少不腊味，北方是饺子，南方是汤圆，同地方总有自己过年的方式，不同家也会有自己的传统。

年夜饭其实是团圆饭，一家人围坐其乐融融，吃什么反而是次要的事重要的是准备这顿饭的时光，对这饭的期待。一顿饭传承着中国人对年的认识。

春节，也是一个农业文明的产物。旧时，农闲了，才有大把的时间为年做种种细致的准备。在一个工业的都市里，对过年种种经历的追忆是一次集体抒情，也是站在此地遥彼时的感怀。

只是越长大，越近乡情怯，明知时变了，坐在桌子边的父母都老了，旧于事无补，却依然期待一顿团圆年夜饭。

北京市。2010 年正月初三，餐馆里的团年聚会。不是由家人亲自准备的这顿饭，还有人会期待吗？摄 _ 陈晓根

五味杂陈，一等再等

文/张知常

春节无疑是中国最重要的时间节点，在匆忙和琐碎的现代生活中，人们年复一年地期盼过年。是历史、生命和现实赋予的契机，让我们在久等之后“屠苏成醉饮，欢笑白云窝”。

我是在江南读书的四川人。今年春节，与老乡同行回家的路上，一路聊着川味美食，仿佛那些动人的味道在向我们招手。老乡突然问道：“你有没有想过，为什么人们会迷恋家乡的味道？就像我，不管严寒酷暑、天南地北，遇到心情不好或者心情大好的时候，都特别想吃上一顿川味。还有，虽然现在市场供应充足，可一进腊月，为什么家里人仍然一定要精心准备香肠、腊肉，并算准了，在它味道最佳的时候，游荡在外的家人正好归来，一起享用呢？”

这随口一问，引发我思索良多。

○装香肠了哦，过年了

小时候，奶奶常念叨“香肠一装，年钟即响”。我关于香肠的记忆，从那时就扎了根。这次回家，奶奶问我，是不是等香肠很久了。我说，是啊，等很久了，上次装香肠都是一年前的事了。在奶奶做香肠时，我与她聊天，也试着探究朋友的那个问题。奶奶说香肠意味着年的开始。

古时候人们发明香肠，是为了保存肉类。把肉绞碎，加入调味防腐的调料，灌入肠衣，可以保存两个月。川蜀自古有川蜀的滋味，四川香肠不同于其他地方的各类香肠之处，就在于香肠调料的川味，既麻，也辣，咸香适口。

如今肉类保存变得很方便，香肠逐渐褪去了原本具有的功能，开始更多地在生活中扮演符号性的角色。

制香肠，在四川话里叫“装香
”。用语言哲学的观点来看，一年
，当我们说出“装香肠”这句话
，就不单是言在此处，而是一系列
意义垒叠在词句上，召唤着我们开
履行有关过年的一系列仪式，意味
我们开始进行有关过年的一系列行
。香肠对于四川人，乃至许多中国
的首要意义，就在于此。我平时远
异乡，但只要腊月，在电话里听到
人说“最近家里在装香肠了哦”，
就知道，要过年了。

肠的制作意味着年已经踏上了舌
：它的切片、装盘、上桌，意味着
年”在被品尝、咀嚼和消化；它的
退，意味着味道再次回到记忆中，
始了另一年轮回。

年的年夜饭，还是奶奶主厨，她可
用香肠做至少三道菜。煮好的香肠
起来晾凉，切片装盘直接端上桌，
瘦相间，不一会儿就下去大半。这
哥哥就闹着说：“吃了好多香肠，
腻咯。”奶奶跑进厨房，用蒜苗直
和香肠干炒，香肠本身所带的油脂
溢出，炒好的香肠只剩瘦肉部分，
起来更香、更有嚼劲，蒜苗也会沾
干香的麻辣味。哥哥看着端出来的
，说正合他意。还有一道菜，奶奶
煮过香肠或是腊肉的水，带着熬出
油脂煮菜汤，尤其是用来煮“儿
”（中文学名“抱子芥”），这道
小清新汤”也是年饭大鱼大肉以后
受欢迎的菜。

春节自然是最肆意大吃的节日，家家户户都会准备各类佳肴，奶奶却依然这样一菜多做。她一边煮汤，一边跟我聊起来。奶奶说现在时候好了，年轻人没有像她们一样经历过苦日子。她小时候有香肠已经很满足，只有等到杀年猪了，才能尝到一点。所以大人想尽办法，多弄几个口味出来，给孩子们解馋。老一辈节俭的习惯不止体现在这三道菜上。小时候我吃饭总会剩，奶奶就跟在身后唠叨，“一天吃餐粥，一年省石谷”“有时省一口、缺时当一斗”……长大才懂得，奶奶的节俭是有道理的。

四川地形复杂，以山地为主，兼有丘陵、平原和高原，河网稠密，号称“七山一水二分田”，作物可以一年三熟。可四川人口众多，四川人自古就有“惜物爱料”的观念。节俭习俗，既使得川菜有了一物多用的特点，也丰富了川菜菜品。香肠的“一物多菜”，从近看，是老人家小时候条件艰苦所培养出来的习惯；往远看，其实是四川人风俗和生活哲学的表现。

关于四川人的质朴，何贵平在《川菜菜名的语言学考察》一文中也有所阐发：“川菜的菜名就像四川人的性格一样大多是平实质朴的。所谓‘平实质朴’，就是不奢华，不过分修饰，一见可知菜品本身的用料、做法等。”

由节俭而来的一物多用还有很多表

王师

各种好

陕西省西安市琉璃街。一间生意兴隆的肉铺，总是由好原料、好手艺、好味道，甚至好态度等诸多“好”集合而得。这家店生意兴隆，顾客盈门，甚至得在香肠上贴着客户信息以防错漏，必是诸好齐集。

摄 _ 侯智

等不及
重庆市。2009年秋。渝人士口味重、爱锅，世界闻名。重庆火锅美食文化节正有此文化基础。10市民撑伞冒雨烫火锅“这个味道巴适，等不及咯！”。
摄 _ 钟志兵

现。四川人能将猪、羊、牛等家畜，从里到外、由头至尾，全都拿来烹饪成菜；享誉海外的麻婆豆腐，其原料不过是整个“豆宴”家族中的一员——豆芽、豆浆、豆腐、豆花、豆油、豆腐皮、水豆豉……

○回锅肉与泡菜，最低调的CP

四川是中国本土宗教道教的发源地，“大道至简”的思想，不知道从什么时候也开始渗透进了川菜里。有两道著名的四川美食，就体现着“简约而不简单”的意思。

从儿时起，回锅肉就是我的最爱。吃饭时哥哥总是照顾我，把“熬锅肉”（即回锅肉）放在我面前。提起回锅肉傲居川菜之首的缘由，他说：“原因很多啊，你想，上到老，下到小，都喜欢吃它，不可能不居于高位嘛！而且它又是基础川菜，做起来简单，没有太多复杂的技术。”回锅肉的制作的确简单，步骤无非先煮、后炒、再回炒，人人可做、家家会做，但又是出了名的易做而难精，真正做好，则要求每一步都精细讲究。哥哥看书上讲，回锅肉关键在“精细”——越简单的，就越要精细，从选肉到起锅皆如此。肉要选当天的鲜猪肉，后腿二刀，肥四瘦六宽三指，太肥则腻，太瘦则焦，太宽太窄都难成型。下锅要快火，炒出一个一个的金盏窝，配上蒜苗和豆瓣，咸香下饭。

现“大道至简”的川菜典型，还有菜。说它简单，正是食用和制作简。家里年饭吃到最后，孩子们由于了太多肉、喝了太多饮料，不想饭。奶奶都会端上这道日常配菜，小时候对付我们的办法诱惑他们吃：“昨天才专门给你们泡的洗澡泡，放点海椒和花椒油，但吃饭的娃才能吃。”话音一落，所有的孩子会跑去盛饭了。

菜味道咸酸、口感清脆，佐餐极。它历史悠久，在《礼记·祭统》中为“菹”（zū）；而泡菜坛，据《中陶瓷史》记载，三国时的越窑就经在烧制。四川泡菜一般有两种。种叫浅水泡菜，也称洗澡泡菜。洗，就是腌泡时间较短的形象比喻。原料有萝卜皮、洋葱片和莴苣，还有夏季的苦瓜等，泡一两天就可以吃。腌洗澡泡菜的容器是透明的玻璃坛，就放在餐桌上，吃饭的时候随便夹几片，加油辣椒、白砂糖、花椒粉、香油和味精，盛在小碟子里，用筷子拌两下，就可以吃了。另一种叫深水泡菜，也叫“老泡菜”，要用陶坛制作，一般泡子姜、蒜、酸菜、萝卜和辣椒等。陶坛略大，必须在厨房里占据一定的位置。年饭中的酸菜鱼，或者平时炖酸菜鸭子，必选深水泡菜。

四川人家里一般都有几个泡菜坛，用来泡酸菜、辣椒和姜。老泡菜没有特定的浸泡时间，短的几个月，长的超过一年也可以，不过老到那种程度的泡菜已经十分酸了，难以直接食用。

酿得久

重庆市。2014 年初。好味背后，是长久的酝酿。还是这座城市，一家味道工厂，5 000 个黏土盖里面，是正在发酵的辣椒酱。这些辣椒酱，正是制作重庆火锅汤底的重要原料。

摄＿马克·罗尔斯顿（Mark Ralston）

配得正

北京市朝阳区工人体育场附近。要得川卤真味，必费足够周章。八角、桂皮、小茴香，甘草、三奈肉豆蔻，葱、姜、蒜，干海椒，花椒和砂仁、草果与丁香……距离不是问题，问题在于专业与用心。

摄 _ 陈光荣 黄小黄

奶特别在意老泡菜，家里最老的泡坛，无论多重，不管多远，搬家时都一定会带走。

我们静下来看四川人、看中国人过时的习俗，会发现，这其实是历史述说自身。而各地风味美食，已经历史的一部分。久等不弃，是因为之则弃己。

一点出门在外的人感受颇深。饭桌第一次见面的朋友，知道我来自四，他们一定会用不地道的四川话：“哦，四川人嗦，回锅肉、宫保鸡丁、麻婆豆腐，巴适！”那一刻，为四川人的身份特征一下子鲜明起，我很骄傲。

今天的四川人之所以还孜孜不倦地在年关灌制香肠、炒回锅肉和腌制泡菜，是因为四川人之所以为四川人的自我认知在川味美食中愈发敞亮。在除夕当晚，接到远在南半球的同学的电话，同学由于学业太忙，今年无法回家，她告诉我：“哎，好想吃我妈弄的青椒煸鸡哦，我们都是几个四川人专门跑到这边的歪（在此指不正宗）川菜馆过除夕。”她说，“一个人在异地久了，会特别想念乡音和乡味。因为其中蕴含着的是一个大的自我。”我安慰同学：“虽不正宗，好歹也叫川菜，就好好吃几顿吧，在这个属于家乡的时节，吃着川菜，也感觉离家近点。”

○老汤，绵延的归心

我把这些想法告诉朋友松伶，他略一沉吟，给我讲了一个故事。三十多年前的一个秋天，当时的四川小城绵阳，风雨大作，一位卧病在床的母亲将儿子廖开太叫到床边，从一个旧盒子中拿出布包，其中有两张纸片。母亲郑重地交代了儿子，不久便离开人世。1982年，在涪城南街家门口，廖开太凭一坛家传的百年老卤开起了烧腊摊。廖擅卤排骨，不光味道鲜美，且货真价实，因而生意兴隆，被街坊和顾客称为“廖排骨”。传闻那两张纸片上是廖家代代相传的卤水配方。廖家先祖在清朝时由闽入蜀，其先祖独创的“蒸汽熏卤”技术和典藏卤料配方曾名冠宫廷，乾隆时期其卤菜便已入满汉全席。松伶说，你看四川街头，遍地可见卤菜摊。卤菜要香，全靠老汤。而老汤味道各家不同；他平日在深圳，最想吃的就是自家卤的鸡爪。

我的家里也会在过年时自制卤菜，每年年夜饭前晚，母亲就会把冰冻了一年的老汤拿出来解冻。这老汤虽不及廖家的代代相传，但也是年年沿用。年夜饭上的卤菜都是自家做的，鸡鸭鱼肉，无不可卤。川、苏、鲁、粤四大菜系，无一没有卤菜。成都更是有三多：火锅店多、茶馆多和卤菜摊多。卤菜在川菜中分量十足，而老汤便是这重量的承载者。

来路真

对川味老饕来说，花椒里面学问多。左页图为盛产于汉源、西昌、冕宁等县的正路花椒，又名“南路花椒”。汉源县清溪镇的“清溪花椒”又称“贡椒”。而产于汶川、金川、平武等地的“大红袍花椒”又名“西路花椒”……来路不同，各有风味。

摄＿谢罡

用时间熬煮的老汤，饱含了食物的滋味，同时也将过年的欢乐和对家乡的依恋封存其中，让出门在外的松伶有了期盼和归心。他说他每年回家，还在路上就会期待甜咸烧白，期待初一的醪糟粉子，期待牛肉干、花生酥这些年幼时的年关美食。这一点，我很有共鸣，我的记忆是妈妈早起买年猪肉，爸爸调香肠料，奶奶切香肠时我溜去偷吃……

这些佳肴美味、欢畅情景，有时像光束一样，不经意地击中我们。

我们感受到它们，并通过它们看到外物，产生感觉和观念。有时，我们并不特别注意它们的区别，而更在意它们的联系。犹如法国哲学家亨利·柏格森（Henri Bergson）所言，我们“不知不觉地把自己组成一个整体，并通过这个联系过程把过去跟现在连在一起”，这联系，便是我们生命的绵延。

等待本身就是生命的绵延。年复一年，我们期盼着能在年夜饭上吃到烧白、豆瓣鱼、酸菜鱼、乌鸡汤、烧什锦，甚至凉拌折耳根（即鱼腥草）的时刻，是过去与现在的交汇，是人们常说的生生不息。

○豆瓣鱼，天地依旧，地道如初

中国人过年讲究年年有余，无鱼不成宴，于是有了苏菜的菊花鱼、菜的葵花鱼、徽菜的臭鳜鱼、粤的清蒸鱼，川菜则有酸菜鱼和瓣鱼。酸菜鱼自然是取四川特制深水泡菜——泡青菜来做，肉鲜美，酸辣可口。另一道豆瓣鱼也四川年饭上的家常风味，它的必条件就是豆瓣，尤其是郫县豆瓣久等一年，回到家中能吃上一豆瓣鱼，这不只是儿时记忆的延、古老传统的显现，更重要的于，这还是四川人与天地的融合邂逅。

《四川通志》记载，经过明末战争，四川地区人口骤减，时任四川巡抚的张德向康熙上奏，提议招徕移民、开垦土地、重建家园。另据《明清史料·户部题本》载，康熙三十三年（1694），康熙颁布了《诏民填川诏》，从此开启了中国历史上的一次大移民潮。远从福建迁来的陈逸仙家族后人，无意之中用晒干后的胡豆拌入辣椒和少量食盐，调味佐餐，不料竟香甜可口，让人胃口大开，这便是豆瓣雏形。咸丰年间（1850~1861），陈氏后人发现盐渍的辣椒易出水，不易保存，于是在祖辈的基础上，潜心数年加以改进。先以豌豆加入盐渍的辣椒吸水，效果不佳；再换胡豆瓣，依然不尽如人意；又借鉴豆腐乳发酵之法，加入灰面、豆瓣一起发酵，结果其味鲜辣无比，这才诞生了郫县豆瓣。而发酵所需的湿度和温度，正是得益于郫县得天独

等得起
重庆市大足区棠香街道冉家店村3组。2014年初。“大足冬菜尖”是重庆人喜爱的腌菜。冬菜9月播种，10月移栽，来年2月收获。从种到腌，“工序讲究，快不起来”，一株一株地“剪菜头、去黄叶”，千般繁复，始得美味。
摄 _ 罗国家

的自然条件。

县之于豆瓣可说是天地人和，它地戍都市西北近郊，川西平原腹心地，土质肥沃，水旱从人，被誉为艰郫县”。得天独厚的自然环境和辈的辛勤创业，使得郫县以物产丰著称。过年时，四川人家常常端上常豆瓣鱼待客，豆瓣必选郫县产。出的豆瓣鱼不仅要辣，回味之中略甜酸，才是正品。

中产的醋，也是天地造化之物，史：“造醋者必在城南傍江一带，他则不佳，殆水性使然。饮取水之，以冬为上，故有‘冬水高醋’之。”还有依江之城泸州酿的酒，长江第一城”宜宾的南溪豆腐干，皆因优越的地理位置和气候条件而成为四川风味中的名品，也是惹人久等的地道美食。这些与天地融合的美味又沉潜在蜀人的气血中，鼓动着蜀人入山辟林，穿江引渠，去怀抱更广大的天地。

四川人吃鱼的口味，外省人可能不敢苟同，因为四川人做鱼时多用豆瓣、辣椒和花椒，油炸、味重。沿海的广东人同样擅做鱼，口味以清淡为主。这是因为四川四周多山地，而四川盆地属温润的亚热带季风气候，湿气重、雾多、日照少，人们需要借助辣椒来解风散冷、通瘀活血，驱出体内的寒气。

松伶告诉我，其实自然气候和地理位

家常即时光
四川省眉山市。2014年春。当年播出的《舌尖上的中国》第二季第四集“家常”中，眉山市民余畅一家的泡菜晶莹剔透，惹人垂涎，被当作四川家常味道的代表。

置对川菜的配料影响很大。

譬如被称为川菜滋味之灵魂的五大调料——泡姜、花椒油、红油辣子、泡红辣椒和郫县豆瓣，都是拜天地所赐的地方特产。四川人都知道，花椒数西路和南路最好，所谓西路，就是茂县、金川和平武一带，南路是指凉山、雅安一带。妈妈每年都会嘱咐在茂县一带的朋友代购花椒回来，然后密封起来。仿佛川西的天空、密林和湿气，都被收藏了起来。

天地依旧温润，长江穿越如故，高山壁立如初。

今天的四川人，年饭或者家常饭必备麻婆豆腐、回锅肉、酥肉，仍旧配以青椒、花椒和蒜、姜、糖、酒、茶等作料。人在故里，自然能与那山、那水，和天地古老的召唤朝夕相处。即便远在外地，我也一定会让妈妈给我邮寄一坛密封好的川椒。虽不见那山那水，但彼处天地造化就在川椒里与我重逢。

久等，为你真正想要的

时候，哥哥喜欢春节能够放鞭炮，弟妹妹们喜欢不受限制地吃糖果。住小巷子，过年前那几天，我会在口一边玩耍，一边等带着礼物回来爸爸。如今，我独自离家，父亲在后目送，嘱咐："过年过节，有时就回来。"在寻找这个旧节日、新期的内涵时，我想起假期快结束时挤的车站、匆忙的路人和父母的目，才发现我通过一个春节所准备好答案只是一部分；春节尾声，人们上、南下，各自奔赴日常的生活，是答案的另一半。

者萧放提出，传统的中国时间观"是个与现代时间观念完全不同的系"。我们在中国时间里期盼、守望和聚，这是今天的现实无法改变的。得哥哥离家远行那年，我去车站送，他对我说："我离家远去，外出闯，都是为了一年中最重要的时候能更好地回家团圆。"

行是为了回来，分离是为了重聚，则是这一切的枢纽。年，是对中国间的肯定，我们久等过年，则是对实的抽离甚至拒绝。

实就是我们当前身处其中的境况。国的现代化进程早已无孔不入地渗每个中国人的呼吸之中。现代化所来的，有浪漫主义者的怀乡之情，"左"派知识分子对资本的批判，还有关于技术、环境、权利和审美等等的各类表达。不管是古老的中原大地、还是迤逦的巴蜀之国，如今都作为这个现代化国家的一部分，被席卷进了新的宏大事业之中。这项事业中包含了太多——理性的启蒙、科技的进步、权利的平等，但同时，还包含了理性的工具化、效率至上的倾向，以及人的异化。大量栖居故土的人流动起来，从四川到广东，从河南到北京，从湖北到上海。

平日里，我们早出晚归、应酬奔忙，我们是现代社会中的螺丝钉，在高楼大厦、灯红酒绿、车水马龙的大城市，在金融街、健身房、出租屋，在由雾霾天穹笼罩着的大机器中运转。我们为了工业城市和科技城市所要求的效率，不再拥有闲暇时光；我们因为城市化的加速，不再常见青山绿水。归故里成了匆匆而为的事，回家成了奢侈。

我们想把分离的时间缩短，我们想把相处的时间拖慢。"高效""快捷"，甚至"优秀"，这些属于现代生活的标签，都不是我们想要的。只有在家乡的味道里，我们才能拥有片刻安宁和享受。

于是我们等待一份糖醋鲤鱼、一碗清炖蟹粉、一盘西湖醋鱼、一碟太极明虾，甚至只是一道冬瓜盅、一碟泡菜。我们等待一次亲自下厨的机会，再久也会等。

四川省成都市武侯祠结义楼大戏台。成都人爱喝茶，在院坝里品着盖碗茶，看戏、闲话，也是成都新春一景。摄／陈锦

艺演唱会

淮安的四时

文/贾珺

○淮安四时，各有新鲜

我的故乡淮安位于江苏省中北部，淮水之南，洪泽湖之东。境内河湖纵横，物产丰富，四季分明，讲究什么时候吃什么东西。

初春时分，吃新挖的碧绿荠菜，用开水焯一下，加盐、糖凉拌，点两滴香油。暮春之际，吃湖里新挖的蒲儿菜，茎白如玉，与肉同烧，或者加大海米、高汤清煮。端午前后，吃刚腌不久的咸鸭蛋、炒苋菜、油爆虾，蛋心、菜汁和虾壳都是红的，据说可以辟邪。夏天吃半大童子鸡做成的盐水鸡，喝清热解暑的荷叶绿豆汤。秋天藕长成了，与排骨一起炖汤，做藕夹子，或者直接切片凉拌，都行。中秋之后，螃蟹上市，一直到秋末，都可以持螯品酒，乐似神仙。霜降之后的青菜颜色发黑，味道却很甜，清炒一盘，非常诱人。另外还有一种深秋出土的青萝卜，脆甜无比，可以当水来吃。冬天出产的东西不多，值得提的是黄芽菜，类似北方的大白菜，不过价钱要贵得多，大多用来炒丝。这些菜肴都不算怎么金贵，寻人家也都吃得起。至于当年鼎盛繁时的漕运总督、河道总督和富商们得就更讲究了，明清笔记多有记载，此处不提也罢。

○新鲜时令，久等入年

过年正逢冬末春初万物萧疏之时，的东西却最为丰富。相比而言，前整整一年的等候都是前奏，只有过的盛宴才是压轴大戏。

初冬腌制的雪里蕻拿来与瘦肉丝炒，霉干菜与五花肉块同烧。秋天出的蟹肉、蟹黄与猪油一同炼成油，存到这会儿，可以用来做蟹腐、蟹粉山药羹。年前杀猪多，种肉食更是应有尽有。平时吃猪耳、猪肚、大肠之类，一般都去熟菜买，过年时都是自己家卤一大锅，慢慢吃好些天。红烧狮子头平时也，过年时更是必上的一道大菜，做与一般的肉丸子大不相同：取七分、三分肥的猪肉切成石榴米大小的丁（万万不可用绞肉机绞成稀烂的肉糜），手上铺一层面粉，把肉团起来，下油锅炸或者入水氽一下定型，再红烧或者清蒸，做成后表面凹凸有致，宛如雄狮昂首，香气扑鼻，肥而不腻——如果掺入蟹黄蟹肉，就成了“蟹粉狮子头”，滋味更佳。

鱼虾之类的河鲜四季都有，过年自然少不了。当地首重鳜鱼，红烧、清蒸、糖醋皆可，过年时多以糖醋为佳，甜甜蜜蜜嘛。鲢鱼的大鱼头和鲜活的鲫瓜子都可以烧出奶白奶白的鱼汤。花鲢的肉刮下来，加蛋清搅成鱼糜，一个一个团在温水里，变成雪白的鱼丸，嫩如豆腐。最好吃的是炒鳝鱼，以整条鳝鱼入高汤略焯，划开，剔除鱼骨，鱼片下旺油锅，爆炒数十秒即起锅，加多量胡椒粉，味道鲜美至极，入口即化。虾仍以油爆为主，取红红火火之意。

从初冬开始，家家都会腌各种东西。一大块红白相间的五花肉，加炒热的花椒盐，反复揉搓，放在缸里出水，几天后挂在阴凉处晾干，便成了一块灰白干瘪的咸肉。吃时直接蒸熟，或者加葱姜、黄酒煮熟，味道很鲜。也做香肠，猪肉切小块，加生抽、大曲酒、盐、糖，灌进猪小肠制成的肠衣，扎成一段一段的，放在太阳下曝晒几天再收起来，吃时整段蒸熟切片，有一股特殊的酒香。大青鱼刮鳞，掏出内脏，抹上粗盐，做成咸鱼，蒸熟单吃或者与猪肉同烧。鸡、鸭、鹅皆可腌，以咸鹅肉最为肥香，腌成后颜色鲜红如胭脂，极下饭。

○寒风里等一个月，美味入骨三分

最特别是风鸡，与普通的咸鸡完全不是一回事。一般尽量选三四斤以上的大个儿土公鸡，宰杀之后并不褪毛，将血控干，直接在鸡的腹部开一个小口，慢慢地将其中的内脏掏出来，然后将预先调配好的酱油、黄酒、盐、五香粉、花椒等佐料灌进鸡腹，再将小口用针线封住，另在鸡身上抹上花椒盐。这套程序相当有难度，尤其在往外掏鸡内脏的时候，千万不能弄破苦胆，还要尽量将所有的东西都掏干净，要有很大的耐心才能办到。冬天街上也有专门帮忙制作风鸡的摊位，只要付一点加工费，就能很快弄好。腌好的风鸡把头别在翅下，一只一只挂在背阴通风的地方，腌一个月以上就可以吃了。因为鸡毛未除，很好地起到了保湿的作用，能够长久维持鸡肉的鲜嫩。临吃的时候才将鸡毛拔去，不过稍微有点麻烦，因为不能

在季节里
江苏省淮安市。为了收获各种河鲜，洪泽湖的渔民多年来习惯了织网、捕鱼、卖鱼的水边生活。蟹肥金秋、鳜香春夏，四季的美味，时间知道。
摄＿王开成

用热水烫，只能用手一点一点硬往下拔，一只鸡的毛至少要花半个小时才能去除干净。洗净的风鸡放在锅里隔水蒸40分钟左右。蒸好后放在一边，待冷却后，不用刀切，只用手撕成长条，装盘上桌。原先灌进鸡腹中的作料已被均匀吸收，所有的部位都十分入味，咸香可口。其中以鸡胸肉最为干爽，鸡腿肉最富有弹性，鸡脖子最有嚼头，鸡翅最嫩，各有风致，回味悠长，连骨头嚼起来都舍不得吐，真正达到“入骨三分”的境界。

面点也是不可或缺的。年前几乎家家都会蒸许多包子，个大馅足，馅以萝卜丝、马齿苋和豆沙最为常见，前两种要多掺肉末和油渣，后一种要加猪油和白糖，否则寡淡无味。初一一早起来，讲究吃芝麻汤圆和饺子，都是前一天提前包好的。为了讨个好口彩，这时候的饺子又叫“万万岁”。

还有一种甜羹汤，用搓圆的糯米小丸子与苹果丁同煮，加冰糖，起锅前勾芡，饭后来一小碗，暖胃沁脾。

以上这些关于过年的味觉记忆已经存了二十年。

现在过年，家里自备的东西远没有以前那么丰富了，连续多日都在饭馆大吃大喝，亲友们轮流做东，各种鸡鸭鱼肉、果蔬菜品不受时令的限制，应有尽有。味道不能说不好，只是缺了从前漫长的等待，少了过年的滋味，让人不由得怀念从前的时光。

摄_肖毅

老南京，最『恩正』

文/顾力

○南京城南老南京

以鼓楼岗为界，南京被分为“七上八下”的两部分，鼓楼以南七里是城南，往北八里则是城北。我初来南京时，在中华门下车，转而住到下关，第一天就把南京走通了。

南京人以城南为“正宗”，问到南京的典故，鲜有城北的份儿。自古，稠密的人口沿着秦淮河两岸蜿蜒分布，舟车来去，风月向南。城北沿江，不是码头就是驻扎军队，因为大江以北就是可怕的北方，历来游牧民族铁骑杂踏。那些王谢堂前的燕子，不说也知道纷纷南飞，彼时的南京，不是今天的南京。这就是为什么，我明明要说“什锦菜”，却老在这里揪着南北不放的缘故。我并非老派的南京人，不过是自作主张在这里定居而已。

妻家算是南京人，祖辈却来自五湖四海，1949年，搬走了白先勇那样的“老”南京，南下的大军及随从，翻地覆做了“新”南京人。而妻的婶家是南京原住民，在城南有着好进的大宅，分为潘家几支大几十号所有。我知道并吃到炒什锦，是因她。说起来，她家也不过是“长毛乱”后，从安徽来到南京的，却早是老资格的“恩正”的南京人了。

临到大年三十了，二叔或者二婶（家）来看望奶奶，一定是有炒素什的。对我来说这很是新奇。我的距京两小时车程的老家，大抵是腊二十开始过年，每天都有每天的程，却从未有这些名堂的。

每次二叔送来炒素什锦，一定是一盆。如今春节期间不外是大吃大喝，素什锦倒是显得家常而素净，每顿拿出来吃。配些稀饭白馒头，倒有山水画的知白守黑的感觉。

夫子庙里无南京
江苏省南京市秦淮区秦淮河北岸贡院街的花灯市场。2014 年正月初三。历史上，南京夫子庙四毁五建，自 1985 年修葺后，已接待游客一亿多人。这里有秦淮小吃，有民俗表演，但最“恩正”的南京不在这里，还要到老南京人的回忆里去找。
摄＿季汉东

我对南京的吃食，向来是不屑的。

清代袁子才（袁枚）一本《随园食单》，堪称中国菜的《茶经》。尽管据说袁子才只会说会吃，并不亲自操刀，也足叫人佩服。可你要是把现今没有争议的南京菜，和书里的比较，恐怕要大失所望。

毕竟，这是一座新城。

这座城的地面建筑，最老的恐怕倒是城墙，老建筑多只能追溯到民国。南京作为当时的首都，自然是移民众多。当地人说的，是一口官话，不像苏、锡、常三地，有相对稳定的地方文化——吴文化。近年生意火爆的餐馆“南京大排档”，每餐必佐以苏州评弹，也是令人不解。

相信我，老南京人完全听不懂他们在唱什么。

○炒什锦是个“老”手艺

这样一来，炒素什锦的传统，在这个杂糅的移民城市，反而体现出别样的“南京风味”来。而每年都做这道菜的人家，是越来越少了。

我问二叔，干吗每年都要炒素什锦。传统上，城南人都要炒什锦啊。为什么呢？过年，菜就不好买了，那些卖菜的摊贩，也都回家过年了啊。什锦有什么难的嘛！我要和二婶学，感受下南京的年节文化。我表现得很有诚意。

“每年，都是我炒的哦！”二叔颇有些自得。真是叫人意外，我一直以为，炒什锦这样的“老”手艺，一定是掌握在“老南京”二婶手里的不传之秘呢。

“什锦嘛，”二叔娓娓道来，“每年

人人会做“十样菜”

什锦菜又叫“十样菜”，从前什锦菜里要用的蔬菜种类是要按各家人头算的。现在南京人过年，家家户户会炒这道菜，每家都有自己的味道。若买不到黄豆芽，就用绿豆芽代替，家人一样喜欢。也许，现在不是计较“恩正”的时候了。摄＿陈光荣、黄小黄

腊月二十八九，就要开始炒了。”

说是什锦，倒也不限于十样，但一般来说，豆芽、藕片、雪里蕻、菠菜、木耳、芹菜、香菇、冬笋这些，概不能少。它作为城南传统年节菜，有很大的群众基础，各家都有各家的口味，并不完全相同。绿叶菜要烫过，再一样样炒。炒的时候，顺序很重要，一般来说，从颜色浅的菜炒到颜色深的菜，每样炒过的汤汁要留到下一道汇拢，炒的油一般是豆油，调料很简单——盐、糖、酱油而已，待到全部炒完，一起放入锅中再烩。

但是各家又不同，有些人家在各色炒完之后，直接拌在一起，没有烩的程序，也是别有风味。

○再无新鲜“地产菜”

过去南京过年，除了炒什锦菜，另外三样也是传统，可惜知道的人就更少了。一是青菜心拌花生米，用的青菜心先要风干；二是鲢子鱼（即白鲢）或胖头鱼（即鳙鱼），当日并不吃，取连年有余的意思；第三样是腌菜汤泡炒米，据称有祛火的功效，这更是我闻所未闻的了。这几年，年夜饭都在饭店吃，什锦菜也有，却只是烫过，再加以凉拌，而不炒制。这样的吃法，多处皆有，少了点“老”味。

原来南京的周边，尤其是靠鼓楼最近的河西，都是菜地。每日下午四五点，常见“城里人”去菜地买菜，价格很便宜，自己动手也行。那时还能吃到新鲜的“地产菜”。

近十几年，河西进行新城建设，“菜”字要去掉，所见都是“地产”。现在的菜，也说不清楚来自何方，大约总在大棚中傻乎乎地长成，一路运来，入冷库，再分散到各处菜市场。素菜很讲究一个“鲜活”，如今也无法强求。各种反季的蔬菜，以及外地的风物，都一起聚到城市，好比我们从四面八方，挤在这一个城市生活。

新人并不在意素什锦，毕竟还有个“老家”是念想，而“老南京人”能说得清楚如何炒素什锦菜的，又有几人？

我倒是听说，岳母有个早已移民加国的同学，每当过年必和老伴儿在温哥华的家中炒什锦菜，就是不免会抱怨国外的菜不行，水分太多，生吃可以，一旦做起素什锦来，就要调整战术……不管怎样，十几年来从不懈怠。

去年，那位加国老伯的女儿回南京，与我们小聚。我们坐在1912酒吧街，她用二十多年前的南京城南话和我们聊天，用标准的英文向酒保报出各种洋酒的名称，真叫人恍惚。我看她，就像看一盆炒什锦菜。

年复一年，寻找年味

文/邓洁 陈磊

翻开《舌尖上的新年》的拍摄笔记，一年前写下的第一句话是：我们正在经历的是一个难以找寻的中国新年。

回想一年多前，我们几个人聚在“大裤衩”旁边的星巴克，先检视了我们自己的春节现在过成什么样——在超市可以一次性办齐所有年货，大部分食品都是成品、半成品；如果选电商，更是足不出户，宅配到家；春贴、门对都是印刷品，整齐划一；大年夜的围炉，一家大小都去大饭店聚餐围食，大多是按价格计算的统一配餐；结了婚的在饭桌上被关心收入，没结婚的被催婚、被相亲，所以只好把头埋到手机里抢红包、发红包……

小时候曾经掰着手指头等过年的劲头不见了；挤在厨房里看大人们忙里忙外的新鲜劲也不见了；曾经只有在一年一度的春节这样隆重的节日里才能集中解到的馋，也被平均分摊到了一年的365天里。

艺术总监陈晓卿老师饱含深情地对我们说：“春节，是中国人心里的一个结。而食物是他们表达的通道，你们得要找到有年味，有地方味，有家味的年货！”

这成了摆在我们面前的第一大难题。

○吃到嘴里的才是味

中国新年是以农历计算的一年的开始。在农耕时代，它原始的含义是“丰收祭”——人们丰收之后的祭献与庆祝，同时也是年度周期的界标。可以说，为了过一个好年，人们一年都在准备。

导演李勇是山东人，他先从自己的家乡着手调研工作。北方的儿歌里有一句“二十三，糖瓜粘”，说的是腊月二十三要吃糖瓜的传统。

2014年12月初，几经周折，李勇在山东莱芜的陈楼村找到了一个糖瓜作坊，此时，糖瓜作坊正干得热火朝天。糖坊由陈佃起家世代经营，每年陈楼村七八个老汉一起来当帮工伙计。糖瓜的消费季节就是腊月到春节前后短短一个月。秋收的农事结束后，糖坊就开工，灶火一点燃，就要烧到年三十。

糖坊是一年最后的辛苦，为过年挣点零花钱。

陈楼糖瓜个大香甜、用料讲究、工序繁复（本书中会有详细介绍），再加上它中空的造型，很容易压碎，不便运输，也就不可能被更多人吃到看到。市面上也有塑料包装的糖瓜，造型不太讲究，保质期更长，全国各地都能买到，有时候人们也只是吃个意象的味道。但是对莱芜人的春节来说，没有吃到好吃的糖瓜，这个年是不完整的。

很多手工食物都是如此，因为制作起来特别复杂，要看天、看人、看手感、看火候、看季节，太多的不确定因素，决定了它只能小规模制作，小范围享用。

在这个过程中，我们常常感到焦虑，因为在年关，有如此多的美食在孕育，在这片土地上遍地开花，它们如此神秘又有吸引力。而我们只有两条腿，赶上了山东的糖瓜，就错过了东北的关东糖；抓到了广西的大年粽，又错过了湖南的黄糍粑。我们绝无可能把它们集中到北京的摄影棚里，来开一次“全国年货代表大会”，因为它们中的大多数，离开了出产的地域就会走味。有些美味并不昂贵，它的奢侈在于它只喂哺这一方水土上的人，不是所有人都能轻易尝到。

在追赶美食的时候，我也渐渐接受了这种遗憾。这也许是公平的，没有人能在同一时空里把天下美食都一网打尽，就像我们不可能坐在家里点点鼠标，就以为能吃到完全原汁原味的各地食物。虽然我们这部大电影在春节前后的五个月中，记录了五十多种年节食物，但它们只是中国新年美食的冰山一角；虽然我们用影像的手段把它们捧到你面前，但终究是隔着一层幕布。

如果你真的想知道它的味道，只有去接近它，走到它身边，在当地年节的氛围里去感受它、品味它。

○我们都是那条巴甫洛夫的狗！

按照习俗，进入腊月，才算开始忙年。而如今，全国范围的忙年，大概是开始于春运。我们十人一组，扛着

北京老功夫

北京市东城区花家怡园。老北京豆酱并非酱，其实是传统的京味肉皮冻。从炙烧猪肉皮表面、刮油脂、切形、加辅料配料，到微火慢煮，胶质溶解到汤中，直至水晶肘子和水晶虾仁的呈现，是一趟完整的"功夫"之旅。

摄＿倪瑞迪

三百多公斤的摄影设备，也汇入了这股洪流。

腊月二十五，从广东江门到香港，平时最多三个小时的路程，我们走了十个小时。一路同行的陌生人，每个人都比我们着急，因为他们是赶回家过年，而我们只是去旁观。所谓"归心似箭"，只有归家的心才会如此急迫。机场、车站、港口，那些潮水般涌动的人潮，那一双双焦灼渴望的眼睛，每个人都想快一点，再快一点。

在拥堵的高速公路上，小小的剧组在微信群里开启了"精神会餐"：每个人说一样能让自己联想到过年的食物。南京的摄影师说了十香菜（又称素什锦），十种素菜分别炒，再拌到一起；山西的焦点师说了枣油糕，一种糜子面和枣泥做成的糕角；辽宁的副导演说了白肉血肠，一道地道的满族年菜……

我就回想起我的家乡上海，过年必吃的蛋饺，它是我们家最重要的过年食物。每到年三十的下午，外婆就会起一个小煤球炉，风门只开一条缝，微微的小火上烘着一只大汤勺；用一小块猪板油抹一下汤勺内壁，加入蛋液，慢慢转动汤勺，让蛋液均匀铺开；放入肉馅，见蛋皮的边成形微隆起，就把蛋皮折叠过来，一只金元宝似的蛋饺就做成了。我外婆说过年一定要做蛋饺、吃蛋饺，它是吉祥之物，能保佑我们平安发财。

对我来说，比起厨房里的煎炒烹炸，煎蛋饺是一项参与度最高的食物制作活动。一开始我只能负责抹猪油，到后来可以浇蛋液，可以塞肉馅，外婆说，你每长大一岁，我就让你多做一点，直到你能完全自己做蛋饺，你就真正变成大人了。这年三十的蛋饺伴随我的童年，我每年都吃，但永远吃不厌，我想这就是我的年味，我的家味。

其实各人的心头好都没有什么稀奇，在今天随时随地想吃就能吃到，比如蛋饺，上海的超市、菜场如今一年四季都有的卖。之所以一提到过年，就直接联想到某种食物，也许都是因为这种食物与过年时某个温馨、踏实的场景联系在一起吧。我们都是那条巴甫洛夫的狗。

我们的主人公之一，是广西平乐沙子镇的李老汉。他的儿子在深圳打工，每年都要和工友们结伴，骑四百多公里摩托车回家过年。

这一路骑行的队伍初始浩浩荡荡，半日之后，总会越来越稀疏，逐步分解。每到岔路，就有三两位工友要跟大家告别，拐入自家的村庄，回到自家的田地。而等待李老汉儿子的，一定是那碗熟悉得不能再熟悉的松皮扣。老李每到腊月二十九就要开始张罗做松皮扣，一做就是两天，要做二十多碗。吃团年饭，来客人，每开一席都要上一碗，女儿初二回门还要带走几碗，对他们一家来说，爸爸的松皮扣就是年味。

在春节这个短暂的法定假期里，一家人要千方百计地聚到一起。每一个屋檐下，各种美好的祝愿都要围绕饭桌进行，尽管菜色有粗细，厨艺有高低，但那总是熟悉而安全的味道；尽管每年的味道也大体相同，但只有这个时刻重温这种味道，嘴才舒服，心才踏实。

○一起过了年，就是一家人

2015年的羊年春节，为了拍摄这部电影，摄制组的二十多个人都没有回家过年。我们在全国各地被拍摄的主人公家里，度过了从腊八到元宵的整个新年。这是一个特别的新年，我们融入了天南海北城市乡村各式各样的家庭，参加了各式各样的新年聚餐。

中国很早就有一首正月数日占卜歌谣："一鸡，二犬，三猪，四羊，五牛，六马，七人，八谷。"说的是正

月初一到初八为各种动物、人或植物的生日，人们以当天天气的阴晴来预测新年发旺与否。在西北，初七“人日”还要“招人魂”，这天开饭前，由家庭长者呼唤全家人的名字，叫到谁的名字，谁就必须答应“回来了”，人齐后方可揭锅开饭。

在广东江门，初一到初六，人们按照远近亲疏的血缘关系依次往来走动、互贺新春。初七人日就要留给除家人以外的朋友了。

江门鹤山古劳，是咏春拳宗师梁赞的故乡。每年初七，开武馆的侯德贤师傅家总要摆上二十多围，与二百多位江湖上的兄弟们聚一聚。这天，小院里竖起各门派、武馆的旌旗。侯师傅在当地颇有威望，来拜年的朋友络绎不绝。侯师傅的朋友大多习武练拳，个个身强体壮，行动虎虎生风，更兼性格豪爽。行上一个拱手礼，互道一声“新年快乐”，都自带江湖豪气。

赶来帮厨的都是关系最铁的哥们、姐们。一大早，男丁们齐下鱼塘收网捞鱼，几十条大鳙鱼扑腾着要挣脱开去；在后院支起大灶，杀鸡宰牛，二十几个老少爷们儿热火朝天地忙活开；男人处理荤腥，女人负责择菜。广式火锅打边炉不需要多么昂贵的菜色，讲究的是食材的新鲜，只有简单的清汤才能毫不喧宾夺主地衬托出原汁原味。

打边炉吃起来热闹，可这毕竟是宴请江湖好友的宴席，还是需要撑起面子。撑面子的任务由烧鹅承担。举办大场面上，一只红艳油亮的烧鹅是一定要有的。岭南一带的烧腊铺子能吃到烧鹅的“日常版”——一只烧鹅腿或脆皮鹅肉饭，多是大排档快餐。但是到了年节宴席，烧鹅要上整只。烧鹅皮脆肉香，油脂均匀，这种入口饱满流油的感觉，习武卖力气的年轻人最为喜爱。所以每当烧鹅端上桌，总能引起年轻小伙子们的欢呼。我们剧组里也是年轻小伙占多数，自然也是看着烧鹅咽口水。当我们终于放下摄像机，忙前忙后的侯师母也跟着松了一口气，她赶紧给最辛苦的摄影师夹了一块烧鹅腿，说——

“快吃吧，在一起过年，就是一家人！”

这是我们辗转各地新春家宴，总能听到的一句话。

浙江温岭的石塘镇，是一个海边的石头小镇，56岁的陈连祥靠开“接鲜船”为生。接鲜船的工作是把远海捕捞船上的海货接回岸边，大船随时会来，老陈需要时刻待命。海边的人家过年总要晒一点鱼鲞，忙活一年，到了腊月，大船上的渔老大会给老陈留些好货。作为回报，老陈的接鲜船也需要免费多跑几趟。新鲜的海鳗，油脂更丰富的星鳗，甚至是少见的野生黄鱼、河鲀……老陈一点点往家里

，这些好东西，都由巧手的老伴一只剖了，晒成鱼鲞，到了过年时慢吃。

年的年夜饭有我们的参与，老陈更张罗了一桌好菜。他不会下厨，只帮忙抱着孙子，可看着满满当当的旁也是笑得合不拢嘴。鳗鱼鲞和咸叠在一起蒸，肉要选油大的，盐都用放，美味至极；河鲀鱼鲞和大把丝一起爆炒，一筷子可以下一大口，腥香有嚼劲，吃出胆量，也吃出太的咬肌。老陈对我们说："海边粗糙，别嫌弃，过年在一张桌上，是家里人。"正这时，他的电话响，家里人都知道，他又要丢下筷子接鲜了，我们抄起摄像机也跟了去。

除夕的烟火把整个石塘镇照亮，远远地，老陈指着自家石头房子里映出的灯光，对我们说："一会儿回家去接着吃，他们会等我的！"海风刺骨，虽然这顿年夜饭并不完整，但老陈知道总有一桌菜为他留着，就觉得踏实、温暖。

这些年节中的人们，口味不同，习俗不同，贫富不同，但共同的是，他们都把年过得认真而踏实。

有幸目睹和参与了这一切的我们，体味到了真正的年之味、家之味。

一年过去，又到年根，我又想起他们。我该给他们打个电话，因为，我们一起过过年。

南国小滋味

广东省江门市开平市百合镇马降龙村。这里的阳桃干很地道：新鲜阳桃经过盐腌制，晒到半干，再加糖腌制，在阳光足够的天气里继续脱水……剧组正在拍摄盐腌制的过程，这些半新鲜的阳桃，离成为蜜饯，还有好多日夜的距离。

摄 _ 谢抒豪

河南·妈妈·中国年

河南省济源市邵原镇邵原村。66 岁的尚秀珍一家人在蒸花馍。腊月二十三了，快过年了，尚大妈脸上洋溢的，是最典型的中国母亲的喜悦与笑容。

摄＿卫建波

江苏省南京市。年货市场里晾着顾客定制的香肠。刚刚灌制，静候结果。摄 _ 刘建华

镜头里的时光

摄 | 赵礼威 李勇

· 腌咸蠘，风行千年的生鲜至味

· 卤老鹅头，春秋六度好菁华

· 腊八豆腐，为路途抹杀一切柔软

· 酢海椒，滋味集结，随时待命

· 鱼鲞，久制河鲀好下酒

· 鲢鱼冻，只因新正不开火，一年到头吃不完

· 凤梨酱，年菜里的万能灵丹

鱼鲞，久制河鲀好下酒

文／邓洁　拍摄地／浙江省温岭市石塘镇　乌狼鲞制作者／陈祥连　陈思菊
蒸星鳗制作者／罗超　钱敏岳

对于海边长大的人来说，过年后离家，一定要带上几条妈妈制作的鱼鲞（xiǎng）回城。嗣后在异乡，平常日子，当阳台上飘起咸腥味的时候，心上皱起的乡愁也被熨帖抚平了。靠日照或风吹，将鲜鱼自然脱水，制成干品，称为“鲞”。在没有冰箱的时代，沿海的人们发明了这种最自然的保存海鲜的方法。在浙东一带，鲞的作用有点类似金华火腿，炸、炖、炒、烧均可，荤素百搭。

“一月鳗鱼二月虾”，春节前后的鳗鱼丰腴肥美，正是品尝和加工的最好时节。春节前家家户户的屋檐下，总会挂上几根鳗鲞。晒鲞的天气非常重要，气温太高容易使鱼肉在脱水前就已经腐败，而烈日曝晒会使鳗鱼体内脂肪氧化，渗出表面，产生苦涩和微臭的“桐油味”。最妙的气温要在零度左右，越冷越好，最好连续吹一周西北风，这样制作出来的鳗鲞味道特别鲜美。

星鳗肉质细腻，比海鳗的油脂含量更高。日本料理中常用星鳗来制作鳗鱼蒲烧。星鳗晒成的鱼鲞，口感要比海鳗更鲜润。

乌狼鲞，是一道海边人喜欢的下酒菜。不过，它可谓危险与美味并存，只有经验丰富的渔民敢于尝试。乌狼即河鲀（俗误称河豚）。制作时将乌狼背部剖开，去掉有毒的内脏和血块，反复清洗。吾之毒药，汝之蜜糖——丢弃的有毒物对人类是威胁，对海鸥来说却是美食。“消毒”过后的乌狼肉要放在烈日下曝晒三四个月，制成硬梆梆、状如树皮的乌狼鲞。吃时，温岭人习惯将乌狼鲞泡水后撕碎，下大量姜丝爆炒，咸香四溢，颇有嚼劲。

腊八豆腐，为路途抹杀一切柔软

文／何是非　拍摄地／安徽省黄山市黟县　制作者／吴丽丽　吴华中

安徽黟（yī）县地处黄山西南麓，气候湿润，山多地少。“岁收不给三月”的窘迫促成了“徽商”外出闯荡的传统，也造就了一种独特的美食。每年农历腊月初八，黟县人都会制作一种形如柿饼的豆腐。旧时候，人们将做好的豆腐抹盐，用绳子穿起来挂在窗前，晾晒至过年，美味即成。风干后的豆腐几无水分，坚硬如顽石，常温储存三个月以上不变质，是本地人家的传统“路菜”。人们便根据制作的时间给这种食物取名为“腊八豆腐”。

把浸泡过夜的黄豆磨成豆浆，在大锅中反复熬煮撇去浮沫，再加上辣椒、五香粉及盐卤，搅打均匀。将锅里已经呈豆腐脑状的豆浆舀出，装入套有藤编笼圈的布袋，系好后反复揉压去水。然后把一个个圆形豆腐包放上特制的竹木压架，进一步压制。五至六小时后，豆腐就形成了四周高、中间低的紧实形状。拆开布袋，抹上盐，静置一夜，再放入传统的烘箱烘制三天三夜，赋予豆腐表面金黄油亮的色泽。

制作一小块豆腐，需要四五天时间。接下来的半年里，四处行走的黟县人会拿它作零食，或用来炒菜、炖煮，在长途的跋涉和辛苦的劳作之后，它是补充能量的佳品。

腌咸蠘，风行千年的生鲜至味

文／李勇
拍摄地／广东省汕头市
制作者／张新民

潮汕人至今仍像宋朝人一样生吃螃蟹，他们将螃蟹剁开后即腌即食，但这种吃法只限于“蠘”（jié）类。潮州人将海里生长的梭子蟹都叫“蠘”，常见的有三目蠘（红星梭子蟹）、白蠘（三疣梭子蟹）、青蠘或花蠘（远海梭子蟹）、冬蠘和瘪蠘等。

潮汕美食大家张新民在他的潮菜研究会为我们展示了他潜心多年积累、研制的腌咸蟹的最佳方法。先用清水将蟹的泥污清洗干净，接着浸泡在饱和食盐水中，让它们挣扎吐污至死。

蟹味浓而腥，所以最好用酱油腌制。张新民常用的腌料包括蒜头、花椒、辣椒、芫荽头、几片香叶、一小匙白糖、少量XO白兰地（后两种配料是受唐代的糖蟹和糟蟹启发而加的）。将第一步已处理干净的螃蟹浸泡在酱油腌料中，腌制时间依蟹种和大小而异。一般来说，红膏赤蟹（赤蟹即锯缘青蟹）需要腌制20个小时以上，毛绒蟹（大闸蟹，即中华绒螯蟹）腌15个小时，小瘪蟹则只需腌10个小时。只有用大量的腌料并经过较长时间的腌制，生蟹体内的细菌才会彻底死亡，蟹膏也开始变硬黏牙，吃起来满口鲜香。

腌制时间一到就要及时将咸蟹捞起，以免太咸或时间太过而变质，潮州人称之为“涝肉”。然后用保鲜袋分装，放入冰箱冷冻。带冰切块的腌蟹成为一道别具风味的“海鲜冰激凌”，口感倍增。

卤老鹅头，春秋六度好菁华

文／邓洁　拍摄地／广东省汕头市澄海区　制作者／余壮忠

曾有外地人纳闷：为什么潮汕人的宴席上不像广东其他地方将整只鹅作为一道大菜，而总是上一些边角料，难道潮汕的鹅都是不长身子的吗？这个问题恰恰问到了潮汕人吃鹅的门道。

潮汕特有的一种鹅叫狮头鹅，是中国最大型的鹅种，也是世界巨型鹅种之一。成年公鹅体重可达10公斤，成年母鹅也可达8.5公斤。狮头鹅体形硕大、颈粗蹼阔，尤其是头部的肉冠和颌下的咽袋，越是年长的鹅，这部分长得越是肥厚宽大。从正面看像戴了一顶皇冠，雄壮威风、气宇轩昂，一副充满霸气的王者风范。再加上潮汕人春节有“游神”和“赛大鹅”的传统，一度催生出13.8公斤的鹅王。

潮汕人认为鹅最美味的部位就是鹅头和鹅脚，相比之下，鹅肉则显得粗糙和陋鄙，逊色许多，只能做下饭的菜，而难登待客之席或者大雅之堂。

而“老鹅”并不仅指一般意义上年纪大的鹅，还特指公种鹅。狮头鹅的公母比例大概在1：6到1：8，可见公种鹅之稀罕金贵。一只名副其实的老鹅，必须是六年以上的退役公种鹅，只有这样的鹅才饱经沧桑、神髓老道、肉质胶韧，特别是它的头和脖子部分，胶质醇厚、回香无穷，为各路老饕所神往。母种鹅的肉质神韵则相去甚远。所以，广州的酒楼把一只老鹅头（含颈）卖到880元甚至上千元，也不足为奇。

凤梨酱，年菜里的万能灵丹

文／邓洁　拍摄地／台湾省　制作者／廖家庆

凤梨酱，也叫荫凤梨。它并不是甜甜的果酱，而是一种咸酸味的调味料。台湾菜中常常能见到它的身影，虽然从来不是主角，但它独特的口味让人入口难忘。

台湾本地产的新鲜土凤梨，酸度比金钻凤梨高，更适宜做凤梨酱。凤梨去皮，切块，用大量食盐揉捏腌制，再撒入少许豆粕。豆粕是经过发酵后晒干的黄豆，台湾的南北行干货店大都有售。充分揉捏后装入玻璃瓶，再根据个人口味加入一些甘草或米酒。封盖腌渍，豆粕中含有的菌会加速凤梨酱的发酵。两个月后，美味即成。

蒸鱼的时候，淋上凤梨酱汁，再放几块腌制好的凤梨。凤梨的酸度可以去腥，酱汁的咸味渗透进鱼肉，上锅蒸煮便无须放任何调料了。苦瓜鸡汤，也因为凤梨酱的加入，变得咸酸中略带回甘，可口开胃。

酢海椒，滋味集结，随时待命

文／李勇　拍摄地／重庆市酉阳土家族苗族自治县　制作者／赵明慧

酢（zuò）海椒，是土家人和苗家人初秋经常做的一道小菜，这个季节正是上好的海椒品种“二荆条”大量上市的时候。天气转凉，做好的酢海椒可以保存更长时间。酢海椒可以用来炒、煮、蒸，可以制作大菜上宴席，也可以制作小菜当家常菜，可谓“上得厅堂，下得厨房”。

将新鲜辣椒剁碎，与玉米面充分混合，直到玉米有些黏性潮湿。取一只泡菜坛子，把玉米和剁椒的混合物放入坛中，边放边压紧。用保鲜膜将坛口密封好，盖上坛子盖，像腌制泡菜一样，在坛口放少许清水，隔绝空气。剩下的工作就全部交给大自然了——待其自然发酵，其中的玉米面会在坛钵中慢慢吸水，使辣椒变得滋润、醇香，还带一点回酸。

一个月后，将坛中的玉米面和辣椒取出，吃法多样而随意：蒸扣肉时填在肉周围；蒸米饭时放在饭上一同蒸熟；做粉蒸肉时用酢海椒包裹肉片；或者与蒜苗或蒜末一同炒香，就成了乡村里的高级佳肴，酸辣、香糯。只要保持坛子放置的位置干燥、通风，同时保证坛钵中水不干，这种酢海椒可随用随取，常年不坏，越存越香。

鲢鱼冻，只因新正不开火，一年到头吃不完

文／邓洁　拍摄地／安徽省六安市霍山县　制作者／陈政

民间认为，农历新年第一天里，人的言行会直接影响一年的运势，所以禁忌特别多，比如不背水、不动灶、不劳动、不串门、不扫地、不碎物。初一不动火，吃除夕夜剩下的“隔夜饭”，也被认为是连年丰足，一年到头吃不完的吉祥之意。

虽然无法考证安徽霍山民间的鲢鱼冻是否直接与初一不动火的习俗有关，但鲢鱼冻确实是一道“剩菜”。

霍山白马尖的大鲢鱼，在海拔近一千米的冷水中生长三四年，个头硕大、肉质肥美。取用此鲢鱼腌制成的咸鱼，切块后下锅煎出鱼油，再加高汤炖煮。在大火沸煮中，鱼的油脂不断溶解到汤中，汤汁也变得愈发浓稠。取出鱼块，将肉撕碎，与黄豆一起垫于碗底，将过滤后的汤汁倒入碗中。在冬天的户外温度下，鱼汤会自然凝结成冻。

第二天，只需把碗倒扣过来，一盘琥珀色的鱼冻就颤颤巍巍地向你招手了。看一勺鱼冻在温热的米饭上融化，汤汁浸透米粒，是一件让人胃口大开、欲罢不能的事。

山高水远，你来，我等。

等到了，我们一起围炉而坐，

吃吃山货，

听火塘子里的柴火噼里啪啦地响……

远·来

我的新年，别人的年夜饭

文/陈晓卿

我参加工作25年，这25年里只有一两次的春节是在自己家过的。除了多几天假，过年那几天对我来说和工作时间无异。

○不过年是我的日常

从美食的角度，我吃过的最怪异的年夜饭是在日本NHK（日本放送协会）的食堂。那是1998年，我在日本参加培训，三十那天晚上开饭的时候，培训老师突然说："我们有一位中国学员，今天是中国人的春节，在此让我们为他庆祝。"我很有点小感动。老师所说的庆祝，就是在那天的份饭里特别为我加了个小碗，碗里盛着一只饺子、一点汤。

那饺子就是日本超市里常见的广东产速冻大馅饺子，因为太难吃了，我没吃完，但这份心意感人。

其他的年夜饭都乏善可陈。刚工作几年的春节，我都在值班室值班接话，订个盒饭就算了；后来轮到同值班，我却在外地拍摄；再后来值和拍摄都少了，却经常是同事加班回家，我也不好意思走，就陪着们，找个饭馆随便吃点。年夜饭的子每年换，一起吃饭的同事年年变对过年这件事，我的个人感情是抽的，难以切身感受。《舌尖上的年》需要把中国各地的美食和过年感传递给观众，我却恰恰是一个不家人一起过年的人。

○那是童年，面目不清的甜

其实我很理解过年的味道。

小时候每到过年，我爸爸就做红糖。将红薯反反复复熬煮成糖浆，箕上撒一层炒面防止黏底儿，把浓的糖浆浇在簸箕上，晾凉。红薯糖即成，吃法多样。一种是把糖掰成块儿放碗里，隔水融化，待糖软下来后将筷子插进糖里不停地搅，卷出来像棒棒糖一样，还能拉出很长的丝。还有一种吃法是将花生、芝麻剥好、炒香，和桂花、青红丝一起铺在桌上，把熬化的糖稀浇在上面，等它冷却，切片。有的人家不用花生、芝麻，买一毛钱的米花或者玉米花来配糖稀，自制米花糖。不怕麻烦的还能用红薯糖做酥糖。将炒面薄薄地铺一层在板上，浇上红薯糖，待稍冷却卷起，一边卷一边撒豆粉，最后切成花卷状。放凉后酥糖变脆，咬一口天崩地裂。这种简单的零食陪我度过很多个天寒地冻的新年。

红薯糖没有结晶和萃取物，颜色黑红，状似红糖，味道却非纯甜，而是一种面目不清的甜。现在这种糖非常少见，因为少有人做。有熬红薯的工夫，买一斤白糖化了做糖稀要快得多。

读大学那年的寒假，有天在宿舍里看书的时候，我突然非常想吃红薯糖。北京有各种糖，但无论哪种都没有那个面目不清的味道。

借拍摄《舌尖上的新年》之机，我们走了全国很多地方，最后在河北大名县找到了这种糖。时间过去了几十年，居然还有人在做费力不讨好的红薯糖。带着惊喜和敬佩，品尝之下，我觉得味道不错。

○一抹亮色，主妇的细密心思

我妈妈拿手的过年厨艺是两样：年糕和粑粑。

小时候的年糕特别香，细条状的年糕蒸出来，蘸上桂花红糖，一口咬下，食材最本质的滋味相互交融，美极了。做甜粑粑，要蒸好糯米团成团，里面加糖，表面油煎后直接吃。咸粑粑里放肉馅和菜馅，将切得细细的五花肉丝配着青菜团成团，加上干辣椒切出的辣椒丝一起放进方盘里，用擀面杖来回擀，最后用刀切成方块。

对我家来说，团成圆的代表甜，切成方的代表咸，无论方圆，粑粑都只有在过年才能吃到。

物资匮乏的年代，也不知道大家都是用的什么方法，总之几乎家家户户都能在过年前搞到足够的盐水瓶和西红柿。将盐水瓶用开水烧过杀菌，把秋天最后一波西红柿煮熟，加一点点盐，切成条塞进瓶里。我们称之为“西红柿酱”，但严格说起来它算不上酱，只是一种储存西红柿的方法。年前那个月你去看，每家背阴的地方都放着一溜红，它是春节的一种颜色。

这是主妇的细密心思——要在这新旧交接之际带给家人好意头。有了西红柿酱，年三十的餐桌上就能多一盘西红柿炒蛋，菜的颜色也更丰盛一些。

○一家之长的执着，烧鸡必须亲自做

我一直觉得我们家是很典型的南北中国，典型在我父母的家乡分别在淮河两岸。吃米还是吃面，一提起这个问题，南方人和北方人总能掐起来。这个问题在我家同样存在，却从没因此产生过矛盾。我爸爸是淮北人，吃面；妈妈是淮南人，吃米。我爸觉得吃米饭吃不饱，我妈觉得馒头只能吃着玩，他俩永远吃不到一起，但老两口结婚五十多年没红过脸。

我妈做米饭，换小火的时候总会给我爸放进两只馒头；我爸做馒头，蒸锅的中间总是空的，为的是给我妈热一碗米饭。就这样，遍及全国的米面之争在我家一直争不起来。过年时，他俩也按照各自的口味分工协作。我妈妈负责做糍粑，我爸爸负责做烧鸡和红薯糖、炸排叉、炸寸金，最后年夜饭的餐桌上也是南北荟萃。

烧鸡一定得有，别人家的烧鸡可以去买，我爸是符离人，亲手做烧鸡是他的执着。将自家养的鸡宰净，把糖在油里融化了，趁热往鸡身上挂糖稀，一遍一遍地淋，烫到鸡的皮肤微微泛红。糖稀挂满后把鸡放进油里炸，炸出漂亮的鲜红色，这时再卤，才好吃。说实话，我父亲干教育是一把好手，但做烧鸡的手艺着实一般。烧鸡要有老卤才香，我们家不是开烧鸡店的，一年只做这一回，用的都是现[illegible]的卤汤，论品相和味道当然比不上[illegible]里卖的烧鸡，但父亲亲手做的那个[illegible]味让我难忘。

我父母都是教师，学校事情多，我[illegible]妹妹很小就自己做饭。只有过年的[illegible]候，父母才有时间和精力下厨，才[illegible]吃得这么精细、丰盛。更重要的，[illegible]父亲而言，年夜饭代表了他作为一[illegible]之主的尊严。餐桌既是年终总结，[illegible]是成果发布，七个盘子八个碗是必[illegible]的，家里有升学的就聊升学，没有[illegible]学就聊平安，总之结论一定是“今[illegible]的生活比去年又好了些”。

○远在全国的年夜饭

很多时候，过年那天我都在拍摄。

1992年，在无为县妇联的帮助下[illegible]我们找到了二十二位第一次去北京[illegible]保姆的女孩，从过完春节她们离家[illegible]开始跟拍，一直拍到她们进入北京[illegible]在家政服务中心找到第一份工作，[illegible]到一年后的春节，她们又回到农村[illegible]家里。这部纪录片题为《远在北京[illegible]家》。摄制组是临时组建的 “草[illegible]班子”，拍摄都在业余时间完成，[illegible]费很有限，出差只能坐火车，还常[illegible]自己往里贴钱，有时候还要把设备[illegible]的人灌醉了偷出摄像机去拍。

1993年的春节，我们在无为县农[illegible]

女孩的家里拍摄。三十晚上，无为人要煮红豆饭，做肉烧豆腐棍子，很香。但我们拍摄时间紧，没时间吃饭，也不能占老百姓便宜。摄制组的人盯着机器拍别人家团圆，自己抽空啃点儿方便面。那滋味！

《舌尖上的新年》也是这么拍出来的，2015年春节期间，我们没有一次能正常吃饭。久了，再不自在也习惯了。

○一起吃卤味，就是活着

2009年春节，我负责《生者》栏目，拍地震后灾区人民的过年故事，所有导演分布在四川的十一个县。作为总导演，我在指导拍摄的同时，还要给大家做后勤保障。年二十九，我从成都出发，开车给导演们送吃的。一路到达汶川、茂县、萝卜寨、北川、都江堰，送的无非是方便面、火腿肠。送完补给回成都的路上，天快黑了，我突然意识到要过年了。给导演们送去的那些东西，平时还能凑合，年三十可不行。

第二天早上，我跟成都电视台的导演梁碧波、杨毅一起，先去菜市场，又去双流县，打包了芋儿鸡、烧肥肠、兔头、麻辣兔丁、鸭脑壳等冷菜。一路紧赶慢赶，从崇州到什邡的红白镇，晚上到江油，最后终于到达平武县的南坝镇；另外一组在青川拍摄点工作的同事那天也赶到南坝，我们和

浙江·水乡·谁人家
几乎没有不过年的中国人。所以看别人过年就成了一种游离、孤独与酸涩。也许只有习惯了酸涩，才能讲清楚甜美之为甜美的真髓。
摄＿黄丰

摄＿陈光荣 黄小黄

拍摄的那户人家一起过了个年。

三十晚上，两桌，我们这桌有主人家做的菜，他们那桌也有我带去的各种卤味。摄制组的人一边吃，一边拍他们过年。将近十二点的时候，我去给那家主人敬酒，电视机里主持人突然开始声情并茂地朗诵，那是零点倒计时，离新的一年只有十几秒了。他们家人呼啦啦站起来，要出去放鞭炮。我突然想到，哎哟，我敬什么酒呢，又不是我过年，还得拍摄呢。一回头，我们那一桌早就没有一个人，都各就各位干活去了——两个组、三台机器，最远的已经到山上准备拍全景了。外面的机器在拍摄，为了防止穿帮，我只能在屋里待着，陪着两桌残羹冷炙，听着院子里噼里啪啦的鞭炮声，看那家人过了他们这一生中第一个防震棚里的新年，心里百感交集。

过了十二点，镇子渐渐安静下来，路上没人，灯也都关了。我们的人拍完回来，都两点了。我说，要不咱再喝点，今天过年。大家都摆摆手，说不行不行，要睡觉，太累了。其实那天吃了什么，我完全不记得。

○用一场盛宴，作别记忆中的年

拍这个片子，食物不是最主要的，我们是想找到中国人和食物的关系。正是食物和享受食物的流程与方法造就了我们，西方有句名言，叫“食物成人”（We are what we eat），进一步来说，是“食俗成人”（We are how we eat）。人的味觉其实很奇怪，什么东西最好吃是没有标准答案的。人类会有一个普世价值，但美食没有。健康？营养？这些都不能成为判定美食的标准。

我有个朋友，口袋里永远装着花生，无论何时何地，他总能找到借口吃几颗花生。要喝酒了，“哎，稍等，我喝酒过敏，吃点花生”；胃有点不舒服，吃点花生；晚上睡不着觉，吃点花生……花生对他来说是食物还是药物？或者是他最无私的信任对象？这很奇妙。他对花生的依赖，其实也发生在每个人身上，只是在你身上，花生就变成了红薯糖、油炸糕、爸爸做的猪肉炖粉条、奶奶包的饺子……现代人活得太累、太畸形了，你需要相信，总有一种味道，像子宫一样，会无条件地接纳你。

现代化生活已经不需要看天时，不需要春节来传承经验、指导耕作，春节已经失去了历史意义。过去的春节是收获之后到下次开春忙碌之前这段时间的重要的庆祝活动，是农耕社会秩序的衍生和集中展现；现在的春节主题则是民工返乡、春运高潮、高速公路免费。从农业社会转向工业社会的社会发展阶段来看，春节已经无用。我们今天纪念、展示中国的春节，是在向记忆里的春节味道致意。

裹蒸，肇庆的热闹

文/潘博成　摄/梁肇江

广东肇庆，珠三角西隅的一座城市。每逢年二十六前后，宋代城墙围裹下的古街巷，家家户户便会架起与孩童等高的大桶，准备制作当地特有的过年食品。裹蒸，这儿的春节美味，将在“猛火慢攻”中焓（xiá，一种利用大量的沸水将食物炆至熟软的烹饪方法）上足足一宿。待至次日晨曦揭盖之时，若你探身望去，蒸汽腾腾，桶内是满满的墨绿，柊叶那特殊的香气扑面而来。整整一夜的滚水大煮并未令裹蒸有些许松散，它们仍旧饱满结实如初，静待着人们的收获。

〇包裹蒸，一家人少一个都不行

中国人的春节餐桌，从来都讲究“热闹”二字。在肇庆人的集体记忆中，热闹绝不仅仅是味蕾的集体畅快，还是全家老小、屋里屋外，大家一起制造裹蒸的忙碌劲儿，也是用一宿时间久等的耐心。在“老肇庆”的眼中，过年纵然少不了大鱼大肉的奢华，但糅合了柊叶、糯米、绿豆与五花腩等平凡食材的裹蒸，也万万不可缺席。

梁姨今年六十多岁了，自幼便一直生活在城墙下的古老街巷，是土生土长的肇庆人。在她的记忆里，春节绝非始于《新年歌》里唱的“年二十三，入年关”。过去，每至农历十二月中旬，梁家壮年便会陆续前往肇庆的母亲河——西江畔采摘柊叶。使用柊叶是岭南一带特有的、融入日常生活的传统，古已有之。屈大均在《广东新语》有言：“南方地性热，物易腐败，唯冬（柊）叶藏之持久，即入土千年不坏。”对肇庆人来说，柊叶之大用更在裹蒸，其清热功效能大大消解五花腩的肥腻。

陆续采回的柊叶静候着年二十六前后的某个清晨，梁姨沿着柊叶的脉络洗去泥浊，然后用热水稍烫，再用冷水冲洗。如此方能除去生叶子的“臭青”味道，又不失其清香与深绿色泽。此时，全家早已是热闹忙碌：小孩子淘洗糯米，年轻力壮者推磨以去除绿豆表皮。经验最丰富的梁姨抹抹额上的汗珠，笑言“包裹蒸，一家人少一个都不行”，便继续埋头调制那些三厘米见方的五花腩。调料是公开的秘密——五香粉与白芝麻而已，味道好坏则全凭梁姨的老到经验，而这通常也是裹蒸入口之前唯一的一次调味机会。

食材备齐，已是正午，展现功夫的时辰到了。三片柊叶铺底，大勺糯米，大勺绿豆，若干五花腩，再是一把绿豆一把糯米。食材压实，柊叶折起。抽出一根水草，纵横交错捆紧，翻转，打结。不到两分钟，一只金字塔形、成人手掌大小的裹蒸，便在梁姨手中大功告成。就在她反复操练着这门功夫时，另一边，裹蒸桶已架上，孩子往桶身抹着稀泥，大人劈着柴火，还有人专门负责往桶里送去一串串包好的裹蒸。临近傍晚，大桶填满。梁伯代表一家老小，在桶前的泥土上奉上一炷香，一求炉火旺而不熄，二求糯米不夹生。

○攻与存，使美味得长久

白天是大人们热闹忙碌的“工作日”，入夜则是孩子们欢腾不眠的“假期”。这是孩子们一年中难得可以名正言顺熬夜狂欢的日子。蒸气袅袅，柊叶之清香萦绕其中。孩子们需要和大人一道添柴火、灌滚水。但在我的记忆中，最难忘的莫过于相邻几家的孩子们一起傍着炉火烤番薯了。大家吃着番薯，跑跑跳跳，好不热闹。一旁的大人们则聊着天，打着麻将，还不忘“心不在焉”地提醒孩子：“别撞桶啦！别打翻滚水啊！”唯独梁姨正襟危坐，指挥全局，看火加水，丝毫不得马虎。因为老肇庆们始终信奉，裹蒸美味全靠火候——猛火慢攻七八个小时，熄火后再焖蒸两三小时，方得成功。五花腩的油脂早已渗入绿豆与糯米，肥腻的嫌疑却被柊叶的清香中和，而近十小时的焓制使绿豆与糯米变得软糯甚至微微融化——最终，扎实的包制功夫能让这一切变得悄无声息。

一宿以后，孩子们早就累得呼呼入眠，部分梁家人也回房休息，街巷重归静谧。直到晨曦初露，梁姨打开桶盖，四周才重归热闹。一大家人团团围上，挤上前观看刚刚出锅的裹蒸。“看起来好美味哦！”“哇，只只都好靓！真是好兆头。”“来，拿几只当早餐试试味！”没包裹蒸的邻里也不忘跑来，赞美一番，说不定还能一饱口福！在老肇庆人看来，年前裹蒸的热闹至此暂告一段。裹蒸的正式登场，还需要继续等待。因为裹蒸要冲个冷水澡并晾于阴凉处数日，唯此才能让这一年一次的味道在岭南冬季的

馨香再等几日

裹蒸成形之后，魅力渐渐散发。在大锅蒸煮之时，为了让热力均匀，尤其是上部的裹蒸也可以受热，需不断添加热水。一次次甜香撩人，难以多待一刻。小试滋味在明晨，而真正的欢享，还得到过年的时候呢。

大片的清新
柊叶冬日不凋，嫩
宽大、柔韧又有清
因此是肇庆裹蒸粽
首选粽叶材料。

箅子都有心

蒸裹蒸的大锅，不配箅子。为了防止煳底，人们用柊叶的细茎铺在锅底。随着十个小时的交融共处，“柊”这一植物特有的香味将被再次夯实到裹蒸里。

做裹蒸先取糯米浸若干小时，清洗，用瓢隔离水分。再加盐，在大铁锅里拌肇庆人认为，糯米热量比一般粮谷都特别适宜晨间食用。

裹蒸装馅的顺序是固定的：用三张柊叶平铺在竹笠的顶部，以出现尖角位；先舀两勺糯米，再舀一勺绿豆，加两三块五花肉，舀一勺绿豆，又舀两勺糯米，完成。

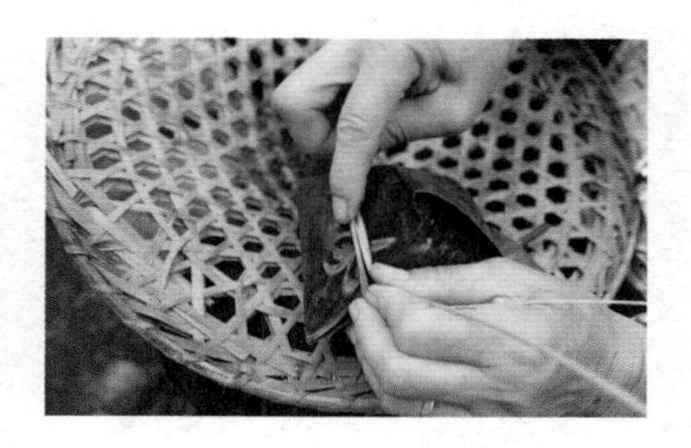

礼裹蒸的时候，先在
满馅料的裹蒸上放
张柊叶盖顶，定型
子，再用水草按“田”
绑扎固定。将包好的
蒸整齐地排列在大
桶里，加水浸泡到裹
全部淹没。点起猛
也点燃期待。

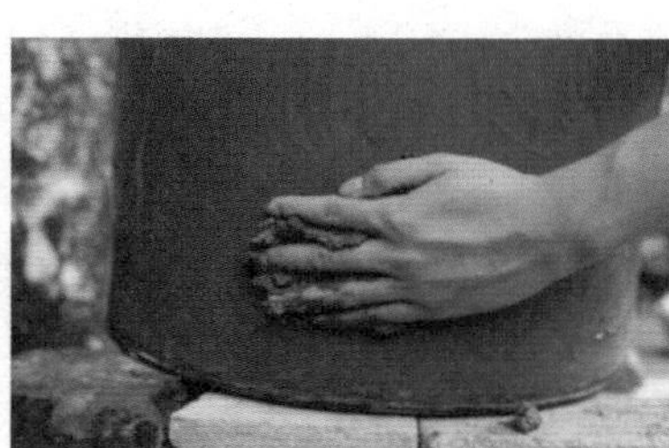

湿冷中尽量延长，以便人们可以享用这道美味更久一些。

○老肇庆人的拜年语：“试试好味不！”

正月初一，肇庆人习惯拿几只“自家味”裹蒸，大火上镬（huò，南方俗称，指锅）蒸煮后，剪去水草，拨开柊叶。一家老小便能热热闹闹地围坐一桌，有说有笑地品食这久等而来的朴实美味。

糯米不知是因为柊叶染色，还是与绿豆相融，总能显出浅浅的绿色。一筷子下去，便能感受到绿豆与糯米因为油脂渗入而产生的滑顺感。入口无须多少咀嚼，便会自然而然滑入喉中。柊叶的清香化解了五花腩的肥腻，贪食的人们就算多尝几口也不会觉得腻歪。裹蒸向来都是大块头，非独自一人可以食完。在我的记忆里，吃裹蒸即意味着一家老小相聚团圆、热热闹闹的时分。尤其是今天，当各家渐渐不包裹蒸，也不再容易体会久久焓煮后的欢腾，阖家品食的热闹更显弥足珍贵了。

如果说上面那等候多时的热闹总是属于自家，那年初二以后，家家户户拎着自家的裹蒸拜年走亲戚时，“热闹”便走出了家门，暂别了餐桌，了这座小城独特的景致。“拎几只家包的裹蒸给你们，试试好味不”类的话还真成了肇庆拜年的“行话了。肇庆也有句老话：“裹蒸世家秘方无价。”与其说什么秘方，倒如说家家都有自己的菜谱，或添了蛋黄，或喜好多加绿豆，或以水产味……所以，肇庆人家里总少不了式风味的裹蒸。一时吃不完，还得起保存。满满当当，分量实在，看喜庆，总能让人回味起亲友的热情一家老小围坐品味各家手艺，一番点赞许，又是另一份热闹。年后，出打工的人们也不忘在行囊中放入对裹蒸，“热闹”便随之奔向远方在另一片土地上伴着柊叶的清香，着绵滑的口感与围桌共食的气氛，新温热，升温，沸腾。

与其说裹蒸是肇庆贺年佳肴，倒不说裹蒸是老肇庆的热闹记忆。与那传统饭桌的大菜迥异，裹蒸的热闹仅是味蕾的刺激，制作之始的辛劳全家人的配合，漫长等待中的心怀忑，都不可缺少。

裹蒸看似简单，却只能一家人围坐包，团圆地吃。裹蒸带来的热闹，溢出了家庭、传递到邻里乃至亲朋友，成了这片土地上年年岁岁周而始，但始终热闹不减的春节温度。

释放期待

裹蒸是肇庆各家各户必备的过年食品。经历了采集柊叶、准备食材、包裹、蒸制、晾放，终于等到欢聚分享的时刻。男女老少围在桌前吃裹蒸，就是过年。

久成醇香

轻轻打开绳结，剥下劳苦功高的柊叶：五花肉嫩且最多汁，绿豆吸收了馅料中流出的肉汁和油，糯米黏合其间，更有芝麻和五香粉在舌尖盘旋……裹蒸的美味，就是家乡的味道。

团团乐山年，我没有回去好多年

文/芶霈雯

在中国西南四川盆地的中央，丰饶的成都平原的西南角，有一片乡原。背靠着一溜绵延的丘陵，一条蜿蜒了数十里的小河沟串联起一个又一个的村落，一带狭长的平坝承载着春耕秋收，乡里乡亲的人们，年复一年，就在这里劳作、生活。

我外婆家就在其中某一个村庄。记忆中很重要的一部分快乐时光，就是寒假回去，在乡间的田坎上嬉闹着，等待着，盼望着过年。

○过年的号角：杀年猪

按照农村里的老规矩，大部分人家都会养上几头猪，至少要留下一头肥肥壮壮的猪作为自家过年所用，这就是“年猪”。

年猪是会略微享受点特别待遇的，比如说吃的细粮多一点、饲料少一点，饲养的时间长一点，为的是让它的既肥且香。接近年底的时候，平日闹哄哄的猪圈冷清下来，剩下一头猪，或许还有一头自家畜种用的饲了多年的老母猪，百无聊赖地懒洋地躺着哼哼，这也就差不多是在告：快过年啦。

冬至之后开始杀猪、准备过年，是老家的习俗。老话说：“冬至不吃（四川话念rù），枉在世上活。大概是古人觉得一年忙到头，如果落不上一口肉吃，这生活也实在是悲凉惨淡，太不值得眷恋了。

所以，杀年猪是一件大事；杀猪客，是约定俗成的规矩、团年饭的演、预备过年食物的开端。

屠夫提前约好了请上门，捆猪、猪、烧水、烫毛、分割，请来吃饭亲朋好友一并帮忙，不一会儿，一头猪变成了两扇肉，无声无息地倒悬在屋檐下了。

厨房里的灶火旺了起来，蒜泥白肉拌上，回锅肉熬上（四川很多地方把回锅肉叫作“熬锅肉”），火爆腰花、爆炒猪肝，余温尚存的里脊肉做个鱼香肉丝，新鲜的猪血煮成血旺汤，再加入一大把现掐的还带着露珠的豌豆尖，几大桌子人热热闹闹地坐在院坝里吃吃喝喝，年味儿开始飘散起来。杀了猪，取出板油和肥肉熬猪油。年猪要肥，才能熬出一大瓦钵雪白的凝脂，成为多少人念念不忘的猪油拌饭的香气来源；熬剩下的热乎乎的油渣拌上白糖，则是孩子们的最爱，是逢年过节才能享受到的美味零食。

杀了猪，大部分的肉是要腌腊起来的。杀猪之后的三五天里，切肉、调味、灌装，香肠一串串地挂了起来，刀条肉、肉排、猪蹄子、猪蹄髈、猪耳朵、猪嘴、猪尾巴……两扇肉被分解得淋漓尽致，抹盐的抹盐，抹酱的抹酱，晾晒，阴干，再陆陆续续地转移到灶膛前的屋梁上悬挂起来——烟熏火燎一个多月之后，它们将派上大用场。

杀猪过年，是延续了千百年的心照不宣的暗号；年猪一杀，仿佛吹响了过年的号角，一切为了过年而该进行的准备工作，便有条不紊地开展了起来。

○备年食：甜蜜的“冻粑”和粗犷的“枕头粑”

腊月间最重要的事，便是为过年准备各种吃食。香肠和腊肉、腊鸡、板鸭之类的腌腊制品，是最早收拾利落、挂在灶门前的屋梁上以待时日的。

醪糟在冬季常做，年前肯定要多准备一些。煮沸了水放一大勺进去，再打上一个刚掏出窝的鸡蛋，放一勺白糖、一小块猪油，一份冬日特供早餐就备好了。

“粑”是四川农村对米制品的一种统称。“冻粑”（又称泡粑）和“枕头粑”，是乐山人过年必备的两种年食。正月里走亲访友的，若是谁家少了这两样，让客人“连块粑都没得吃”，说出来是面上非常无光的。

“冻粑”需要发酵，准备的时间稍长。雪白的大米用井水泡上一夜，泡透了之后用石磨磨成浆，放置在陶缸中发酵个三五天，其间需要每天用擀面杖搅拌数次，直至均匀。等到满缸的米浆开始冒出小泡泡、整体蓬松发胀起来，就可以加入红糖或者白糖调味，准备好大蒸屉开始蒸粑了。把老玉米的外衣剥下来，用热水泡软洗净；灶膛烧旺，火苗舔得大锅里的水吱吱作响。当氤氲的蒸汽开始弥漫起来时，一家人一起动手，手脚麻利地把米浆舀在玉米外衣中、包好，放在蒸笼之上。十来分钟之后，满满一屉

厚墩墩的雀跃

湖南乡村除夕祭祀，两个孩子在爆竹声中捂住了耳朵，享受着新年的愉悦。我们很难记起最近几年过年都是怎么过的，吃了什么，有什么开心的；但我们都记得小时候，在自己被家人包裹得像粽子一般的冬日，那时候的过年是那么的好玩，那么的好吃。

摄＿杨绍功

香喷喷、热气腾腾的“冻粑”便出锅了。趁热的时候剥开，一口咬下去，真的是又香、又甜、又暖，绵软中带着微黏的韧劲。吃一口，哈一口热气，深冬清冷的空气瞬间温暖甜蜜了起来。

“枕头粑”不需要发酵，长相则更为粗犷。包裹它的“粑叶”是一种植物的又宽又长的叶子，这植物学名待考，但村里家家户户在门前的沟边都会种上几株。把糯米和饭米都用井水泡透，按一定比例混合后磨成米浆，滤去水分后用粑叶包好，同样是用大蒸笼把它蒸透。趁热修整成类似枕头的长圆形，一块块地摊放在大竹匾上，凉透了收起来，可以存放个把月。吃的时候切成片，煎香了，撒糖或者
花椒盐吃；也可以煮青菜汤，跟江
的水磨年糕颇有异曲同工之妙。
前，“枕头粑”的标准重量是1.5公
一块，正月间走人户（四川话，串门
的时候，两块沉甸甸的“枕头粑”
是相当“够分量”的礼物。

腊月廿八前后，年食都准备齐了，
肠腊肉也都试过滋味了，讲究的人
连米花糖都自家做好了，乡村里零
星星地开始响起爆竹声，团年饭和
夜饭的帷幕即将开启。

过年这幅长卷，最浓墨重彩的一笔
然是“团年”。我老家的团年，指
可不仅仅是除夕夜的那一场团聚。

廿六之后，团年饭轮番开席，直至夕。

前的乡村，一家兄弟姐妹少则四五，多的七八人，成年之后各自成家立门户，等到他们的子女成年后再立门户，临近的几个村子间几乎都亲带故，除夕之前轮番邀请团年、团年饭，是个浩大的工程。不过，种你来我往的团年，是大家族时代留下来的痕迹，那种人声鼎沸、其融融的感觉，现如今已经很淡、很了。

年是家族间的互访，是一年辛苦之的集体庆祝；团年饭是与年夜饭级相当的重要聚餐。团年，礼数很重。一定是提前好几天由主人家亲自门来请，一定要长辈至亲都请到，没有足够的理由，请而不往是很不适的，平辈或者晚辈空着手（不带物）去吃团年饭，也是非常不合的。

年饭，鸡是一定要杀的。公鸡拿来拌和红烧，母鸡炖汤，鸡杂爆炒或拌，鸡血旺烫豌豆尖，物尽其用，点都不浪费。各种腊味是不会少，自家鱼塘里的活鱼整条烧成家常菜味，大碗蒸出来的甜烧白、咸烧，红烧的大蹄髈，这些都是团年饭标配——菜品其实与年夜饭并无太差异，二者不过是分别属于大家族小家庭的两种过年聚餐形式。但毕还是有些不同。

〇紧锣密鼓处置肉、鱼、鸡、鸭

大年三十，早餐吃过后，抓紧仅有的半天时间去赶个“场”，看看还有什么需要补充的采购，否则就要等到正月初五之后才有机会。回来垫几口吃食，一家子上下都开始忙碌起来。

砂炒的花生、瓜子、胡豆、黄豆、玉米，是饭前饭后打发时间的零嘴。

“酥”和“舒”在四川话里同音，酥肉汤是年夜饭的压轴。平日里的酥肉可以做好一批用好些天，年夜饭要用的酥肉必须当天现炸。烧柴火，倒半锅清油；鸡蛋和面粉调好糊，加入花椒粉和盐调味；半肥瘦的五花肉切成条。把肉拌在面粉糊里裹匀了，这段时间，锅里的清油也正好断了生，一个人捏着肉一条一条往锅里下，另外一个人拿着漏勺把炸得外酥里嫩、恰到好处的酥肉捞出来。年夜饭吃到高潮时，抽个空煮沸一锅清水，放入酥肉煮上两三分钟，汤里放一把豌豆尖就可以上桌。炸完酥肉的油，再用来炸酥鱼、炸鱼皮花生，年间的餐前小吃也就准备好了。

此时大约就到了下午两点钟，趁着还有点时间，用冰糖、炒花生、黑芝麻、猪油等把明早要用的甜汤圆馅儿做出来；咸汤圆馅儿分鲜肉和芽菜炒肉末两种，也迅速地齐备了。

木盆里养着一条肥大的、尾部微微发

红的鲤鱼。鲤鱼的肉质细嫩，但处理不好会有腥气，我外婆家认为，这全是由鲤鱼的“骚筋”引起的。于是，给鲤鱼“抽筋”便是件有趣且重要的事。在鱼的两腮后各切一刀，会发现一条白色的筋，外公那双粗糙的大手必须要借助一个猪毛镊子的帮助才能夹住它，然后轻轻地、缓慢而坚决地把筋抽出来——筋要是抽断了，得估摸着断掉的位置补上一刀继续抽。骚筋一抽，整条鱼的味道就变得鲜美起来。在鱼身上斜切几刀，抹上酱油和淀粉腌制个十来分钟。老酸菜坛子里摸出来的泡椒、泡姜、泡菜，加上自家做的辣豆瓣酱一并剁碎了，油烟一起，先下姜片过油，然后将鱼煎到两面微黄，铲起来，把刚剁好的配料一并下锅炒香，加汤，调味，下鱼，盖锅盖焖着烧上十来分钟，一道百吃不厌的家常鱼就可以出锅了。

紧锣密鼓地，大锅里的水开了，腊味煮得吱吱冒油；甑子饭的香气从厨房飘到了堂屋。我外公如行云流水般把一样样食材下锅、出锅，干净利落地把一道道菜装进大碗里：香肠腊肉、红萝卜烧鸡、家常鲤鱼、冰糖肘子、芽菜咸烧白、洗沙甜烧白、魔芋烧鸭、酥肉豌豆尖汤……

大年三十下午三四点钟，你若是站在村口放眼望去，只见家家屋顶上炊烟袅绕，屋后的竹林在夕阳薄雾淡烟中影影绰绰，整个村子里的年夜饭，也都差不多同时蓄势待发了。

○一心的等待，变为心底的回忆

离家在外的人，无论多远也要想方法赶在年夜饭之前回来，吃上一口悉的味道，再在酒足饭饱之后，围在火炉旁，闲话这一年来的家长短。小孩儿们对大人的喜怒哀乐漠关心，在炭火上烤“冻粑”、在灶的余灰中烘土豆是他们守岁时消磨光的手段。他们一心只等着午夜的来，等着震耳欲聋的鞭炮声，等着璨的烟花，等着新的一年来临。

初一早起，吃汤圆。甜的搓成形，咸的（肉馅儿）搓成长圆形吃双数不能吃单数，吃碗“双喜门”“四季发财”“六六大顺”“路发”“月月红”……吃完汤圆，月间“走人户”的规划，就要开始施了。

距离近的，从村尾走到村口；远的走路，坐车，再走路，到了，歇上两天，再走路，坐车，走路，回到中。没有电话、没有微信的时代，与人之间这种必须投入大量精力的往在今天看来愈发显得弥足珍贵。里有远客来了，一家人都兴奋起来于是宴席又摆上了，“唱花灯”的请上门来，看热闹的人们蜂拥而至那场面，比吃年夜饭可热闹多了。

掐指算来，这已经是二三十年前的忆了。现如今，年节渐近，年味远，而故乡，在那回不去的地方。

四川省南充市普通人家的腌腊年货。摄＿陈锦

盐都自贡，幸福的大白味

文/杨冉

○吃在四川，味在自贡，盐都口味自然重

不管人走到哪里，最难改的就是味觉了。四川的味觉里，辣被放在当头，红红火火的辣椒与四川人乐乐呵呵的性格相得益彰。其实，四川还有一座“咸味的城市”——自贡。

所谓“人生百味，咸味打底”，盐是百味之祖，因盐井而得名的自贡市，拥有两千年的盐业历史，一度成为中国井矿盐的中心，“富庶甲于蜀中”。那时此地商贾云集，络绎不绝，久而久之，不同层面的消费水准和天南海北的饮食嗜好，使自贡逐步形成了独具风味的盐帮菜系。“盐帮菜”的特点在于味道厚重、丰富，善用辣椒、花椒、胡椒、子姜、八角等调料，不仅品种多，而且用量足。吃一桌席就像来一场鲜辣刺激的饕餮之旅，不被“重口味”吓退的话，必定会大呼过瘾。难怪有个说法，叫“在四川，味在自贡”。千年盐都依小小的食盐，在川南一隅早早地便了自个儿的味觉记忆。

自贡地区的井盐业，肇始于东汉，盛于明清。清中叶的自贡盐场，火水丰，各盐运码头，南来北往的船铺开在穿城而过的釜溪河上，一眼不到头。当时常年聚集在盐都的盐和盐工达二十万人左右，这些人中商人毕竟是少数，大多还是从事采、制作井盐的体力劳动者。他们用高达百米的天车，从深至千米的里提取出卤水，将卤水排放入圆锅烧热、熬制、分离、提取杂质，最铲盐。这一过程伴随着高温，盐工热得工作时只穿一个裤衩，体力消非常大。当时以牛为动力推车汲卤有病的与退役的牛需要宰杀，牛肉品也就越来越多。牛肉成为最主要食材之一，盐巴富足用得也大方，

各种调料，变着法子，水煮、冷
、煎炒，越做越有风味。做了一天
的人们回到家里，食物是最好的犒
。川菜中的名菜水煮牛肉，就是自
人家家户户都拿手的家常菜。其颜
深重，滋味浓厚，鲜辣爽口，配上
盐腌制的泡菜，简直没有比这更好
下饭菜了。不知不觉间，三碗大米
嗖嗖嗖地下了肚。

"下饭"是日常，"赏味"在
宴

百姓日常的饮食如这般爽辣，到了
年过节，最重要的一顿年夜饭却不
平常那般"劲头十足"，饭桌上多
不少"小清新"。

村里头自家养猪，每到年关都要杀
一头来做一大家人的年夜饭。猪蹄、
猪尾巴和鸡、鸭、鹅的翅膀、脚板一
起制成卤味，啃起来特别香。猪头
肉、猪耳朵切片，撒上葱丝、蒜末，
拌上熟油海椒，就是一道下酒的好
菜。猪心、肝、肺等内脏投入什锦
中，跟鱿鱼、玉兰片等加高汤一起
蒸，取其鲜，是我过年时最盼望的
美味。上成的带皮五花肉用来制作
烧白，咸甜都要有。咸烧白以宜宾芽
菜打底，只洒些酱油，蒸出来香滑
软糯、肥而不腻；甜烧白则以糯米打
底，两片五花肉中间夹上豆沙，或者
一片肉夹沙裹成卷，码在糯米上蒸，
许多还不能吃辣的小孩子都钟爱这道
甜食。骨头要用来熬成高汤。

这些部位全部挑出来后，剩下一些不成形的坨子肉。过年菜通常要吃好几天，以辣味为主的煎炒菜式只可即时制作，客人一多，到吃饭的时候，灶头上根本忙不过来。为了方便储藏，这些坨子肉就剁成肉末，做成粑粑肉（因其形状，本地人也俗称"枕头粑儿"），或者搓成丸子，而带骨的肉块则裹上面粉炸成酥肉，放进冰箱冷藏，好长时间也不会坏。

粑粑肉是自贡本地过年时必备的一道主菜，我小时候特别爱吃。

食用粑粑肉的时候，先取汤盆，按照个人喜好可以在汤盆底部垫上菜头、木耳、胡萝卜、豌豆和酥肉等，将过年前一两天便做好的粑粑肉切成薄片，转圈码放在垫菜上面，再加入高汤至没过肉片，上锅大火蒸，出锅时在表面撒上葱花，一盆香喷喷的粑粑肉即可上桌了。所以粑粑肉又叫杂烩，它充分利用边角余料，肉蔬搭配，不但口感丰富，色香味俱全，还十分营养，是勤劳智慧的人们对食物的尊重和珍惜。

满满一大盆粑粑肉从锅里刚蒸出来，冒着腾腾热气被端到餐桌中间。大人伸长筷子，先夹一片给老人，再夹一片给小孩儿，最后轮到自己。小小一片粑粑肉，装在碗里鲜香扑鼻，含在口里粉嫩化渣，一次吃好几片都不觉

天然重口味

四川省自贡市。这座城市因盐井得名，燊（shēn）海井煎盐车间劳作的工人也在向人们诉说着历史。自贡产盐，而重体力劳动又需要补充盐分，盐都口味自然重。但与平日饮食追求销魂下饭不同，自贡人年夜饭的必选项都是白味的。

摄 _ 乔启明

得腻。儿时的记忆中，只有吃了粑粑肉才算过年，长大了却好像越来越不稀罕。如今想来，这道菜一反自贡菜常态，口味清淡，调料很少，从获取食物、制作到食用，却无不透着当时当地生活的本来样子。民以食为天，饮食传统总是传递着人们无上的智慧与心意。

这些自贡的年夜饭里必有的菜品，几乎全部是“白味”（四川俗语，与“红味”相对，指不辣的菜品），跟我们平日里的味觉体验大相径庭。我想，这大约是因为我们平日里追求美味是为了“下饭”，年夜饭的目的却是“赏味”，是为了制造与留住记忆。与家人团聚的时刻，幸福满足，情感与情境已经足够，不需要更多的味觉刺激。大年三十，亲朋好友围在饭桌上，丰盛的菜肴寄托了人们昨天的总结和对明天的期许。饮酒欢、喜气洋洋之中，总免不了一盆罗万象的粑粑肉，肉片的细腻、酥的香脆、蔬菜的软嫩、汤汁的香浓每种食材发挥其特长，完美搭配，为对勤恳劳作的人们与蒸蒸日上的活的最好的表达。大家放下手中的杯，拿起筷子，夹一片孝敬老人，一片快慰小孩儿，再夹一片犒劳己，在祥和中享受食物（又不只是物）带来的喜悦与幸福。

作为自贡人，无论走到哪里，总有这氤氲的场景在记忆中不时跳跃。特是到了年关，吃年夜饭的时候，总想闻粑粑肉的香味，那是家的味道。

摄＿魏尧

以记忆导航，回到湘西

文/田薇

洞庭以西，地势渐高，由丘陵起伏波动，而至莽莽大山，草木葱茏。

山中岁月长。人与草木为伴，居山食山，连感情都带着山般的踏实和沉默。我听过的最好故事，是一位少年，把山货做成菜肴，捂在怀里，翻过几座山，越过几条河，去见心爱的人儿。见面了，碗递过去，话都不消说，那些可以化成千千结的句子，全躺在食材里呢，就等姑娘抵在舌尖，吃到胃里，化在心头，柔在眼中。

夏目漱石的那句“今晚夜色真美呢！”到了山里，便是一句淡淡的“这野蕨菜真鲜呢！”都是不明说的爱意，回甘悠长。

山高水远，你来，我等。等到了，我们一起围炉而坐，吃吃山货，听火塘子里的柴火噼里啪啦地响。外面风大雨大，但我们知道马上就要过年了，会有更多的离客归来，这小小山房被更多的嘴巴填满，吃喝说话，全人间气，寂寥了许久的山，也会温很多。

○男人们回来了！要让全村都听

张远岩一直不觉得自己的儿子已经城里人了。70岁的他坚持认为，有一天远在广州的儿子会回来，在家的山上修一栋房子，要南北朝向阳光充足。后院要开一块地，种本西红柿、朝天椒和红薯等，可以给孙子酿西红柿酱、晒红薯干。

但他不得不面对儿子一家只有过才能回老家的事实。村子里的年人越来越少，只有到过年的时候村里才热闹起来，年轻人开着新的车翻山越岭而来，提着大包包，直奔老房子。

与张远岩相隔好几座山的吉首市排绸乡河坪村，一年一度，也会上演这样一番景象，只是来得更早一点。因为是苗族聚居村落，这里的村民还保留着过“苗年”的习惯。这一天，整个村子变成了一个大家庭，大家抬着巨大的调年鼓从山脚行到山顶，一路唢呐声声，鞭炮震响，男女老少跟在鼓后面唱着跳着，有着最原始的狂欢。在山顶的平地，大家围绕大鼓，尽兴舞蹈，歌舞毕，则挥刀杀年猪、打糍粑，把一年的结束和开始都挑染得如此有声有色、热气腾腾。

张远岩也是苗族，村里虽不过苗年，打糍粑却跟河坪村一样，是必需的项目。在农历除夕到来之前，村里的年轻人自发地拖出老石槽，放在屋前开阔处，把煮好的糯米放进去。归来的青壮年们脱了上衣，抡起木槌，“嘿哟嘿哟”喊着号子往石槽里敲打。槌起槌落之间，糯米的质地被改变，变得黏实细密，扯一下就能拉出好远，糯米的香气也在村里萦绕。那几日，若天气好，走在村里都能听见青年们喊号子或者木槌击打石槽的声音。女人们则在一旁备了上好的菜籽油，抹匀了手，把白白嫩嫩的糯米糕从石槽里取出，一小块一小块揉成团，捏成饼。讲究的人家还会往饼子里加馅儿，有绿豆的、红豆的，或者糖炒芝麻的；更讲究的还会在不同馅儿的饼上做不同的记号，有的记号已经传了好几代，一看就是这家人鲜明的标记。孩子们这时候是最“欢脱”的，他们一面观赏着父辈“哼哧哼哧”抡大槌的样子，一面趁他们不注意，从石槽里掏一块刚刚打好还没成形的糍粑，送到嘴边就吃。机灵如他们，一定靠着敏锐的嗅觉尝出了城市里没有的味道：细嫩软香，还有一种说不清道不明的奇妙温度。

要等到他们长大后很久，才会明白这一年一次的打糍粑意味着什么。那些手工劳作的快乐，那些全由土地上自己耕种而来的食材，还有离客归来的欣喜，都得经过岁月熬了又熬，才能被人一一体会。

张远岩还是静静地坐在一边，晒着冬日的阳光，数着今年打好的糍粑，计划着是用油炸，还是家人聊天的时候放火上烤着吃。

“不能吃太多，要给孩子们留一点带回广州，要是他们想吃了，那里可没有。”他偷偷说给老伴听。

○腌与酿，于时光中逆行的魔术

山里的好吃食大都生长在春天里，春笋、香椿、野蕨菜……甚至连野鸟，也是春天里的肉质更嫩滑些。

春发万物，山里的精华藏了一整个秋冬，在春天里释放得淋漓尽致。但这些美好，很多远行的人看不到，听不到，也尝不到；也不会等到年夜饭时重新盛开。

但山民们有自己的想法，他们好像在和山“打商量”——“这年夜饭可重要了，你把时间停一停呗？”于是，在长久的生活中，封存时间的技法渐渐被人们掌握：腌制、风干、发酵……让春天的味道穿越夏秋，直抵深冬，最后变着花样，入盘入杯，端上年夜饭的桌。

这是山民生存的质朴哲学，莽莽大山，总有办法让远行的人吃到山野四季的美。

“我妈给你腌了你最喜欢的野蕨菜，她讲，这个下饭吃最好。”重庆市武隆县的勾小欣已经毕业在家工作，她的男友还在北京读研究生，两个人正商量着今年在男方家过年，谈一谈后年结婚的事。

勾小欣的男友是她高中同学，青梅竹马。男友的妈妈在家务农，做得一手好菜；平日里，最喜欢把时令蔬菜干腌，做成一坛一坛的腌菜。那墨黑的大肚坛在她家摆了一排，颇为壮观。

到了除夕这天，勾小欣的男朋友回家，就能吃上这一整年山里产的蔬菜。那累月而成的咸味，在水里泡上几个小时就会变得很淡很淡，同时干枯的蔬菜逐渐苏醒，慢慢伸展，你几乎可以看见时间在缓慢退后，从冬退到秋，从秋退到夏，一直退到那个棵野菜破土而出的春天。勾小欣正在跟着未来的婆婆学这样的手艺，在8后的眼里，这简直像一场魔术。

视线从重庆的大山往东移，湖南省永州市零陵区的山里，有人在几个大坛子前忙得不亦乐乎。他叫刘志农，67岁，正在收拾今年丰收的红薯，要把它们统统做成红薯酒。在他家的酒窖里，还有夏天的梅子酒、秋天的桂花酒。他的小酒窖简直成了一个隐匿的“时间工厂”，这些山货的味道，化在酒里，越酿越醇。

“干一杯！”满桌的年夜饭，这一杯杯的佳酿是必不可少的，入喉清冽，后劲十足，亲人相见，不醉不归。有人醉了，说见到老祖宗从画上走下来讨酒喝。看来，这酒的香醇，连远去的故人也馋了。

○溯源觅食，因为味蕾不撒谎

关于穿越的文艺作品越来越多，而一个现代人在初穿越的时候，都很难适应“那边”的食物。《回到未来》里，20世纪的男主角走进19世纪美国西部的小酒吧，还是习惯性地冲服务员喊：“来一杯可口可乐。”

时间和空间也许都可以穿越，但它们留在你身上的印记却总是如影随形。食物也是一样，年少时味蕾接触的味道，几乎决定了一生对食物的审美。

旅人与年货

北京火车站前。1978年。那时候春运尚未成气候，在外地奔波的人，益显另类。带上年货，归心似箭。

摄 _ 韩学章

远近与期盼
贵州。苗族小姑娘肩上挑的是糯米。糯米产量不高，但是够黏。青壮年返回乡村，一起打糯米糍粑，让那些充满朝气的欢声笑语响彻山谷，才叫过年呢。
摄 _ 旷惠民

在长沙生活了近十五年的吕寒，越发怀念起湘西老家的腊肉。“你不晓得哦，那腊肉一片片切开，薄得透光，用自家做的干辣子一炒，喷香的！”每当在饭桌上吃到标记着“湘西腊肉”的菜，她总是皱眉，似乎吃到了赝品。胃和嘴的记忆告诉她，真正的湘西腊肉不是这样的。

她决定溯源觅食。

寒冬腊月，她开着一辆SUV（运动型多功能车），和老公带着读小学的儿子奔赴湘西老家。老家已经人丁稀疏，亲属们几乎都已经进城定居，通过老同学的推荐，费了九牛二虎之力，她才在古丈县南山村找到了一户田姓人家。这家人正在杀“年猪”。

湘西土家人有过“赶年”的习俗，在传统的农历除夕之前就提前过了年，传说是历史上为了让杀敌的将士们早日启程，早日凯旋。所以这里的“年猪”也杀得比其他地方略微早了一点。

田家宰杀的是当地有名的“黑跑猪”，样子黝黑，因为常年放养，绝少饲喂，多食野草，所以肉质紧实，看着特别精神。吕寒看到这即将被宰杀的黑猪，儿时记忆翻涌上来。小时候，她跟着小伙伴一起追赶这样的黑猪，看着它们由小猪仔长成大猪，又看着它们在邻近年关的时候被杀掉，做成好吃的扣肉、炒肉，还有著名的湘西腊肉。

这一晃，已是二十余年过去了，她与这样的日子睽违如此之久，只有味蕾，从未忘记。

杀好的年猪放干了血，去了毛，村里的大师傅“噌噌”几下，手起刀落，按骨肉走向把肉分好，前腿后腿刮得干干净净，与洗好的猪头放在一，双手一摊：“你来选嘛！”吕寒和老公便选出其中最好的肉，付钱，与田家的妇女们一起为新鲜肉抹上盐、辣椒、花椒等配料。完全浸透后，男人们用棕叶穿过长条的肉块，竖着挂在堂屋火塘上，塘里放着些干燥的瓜壳、橘皮等，堆燃生烟。青烟袅袅，在接下来的日子里，梁上的腊肉会经历微妙的变化，白色的肉慢慢变得透明，最终有了琥珀般的光泽。像人，一颗真心，经人间烟火熏陶，几番岁月，终得世事通达。

当年，吕寒家的年夜饭终于有了湘西人必不可少的腊肉，还有跟腊肉一起制作的“灌肠粑粑”。这种把糯米和着猪血灌进猪大肠煮熟的食物，最得孩童喜爱，用筷子穿起来，可以拿着满堂跑，饿了就吃一大口，满满都是幸福。

“这才是童年的味道嘛！”吕寒打电话给老同学，让他们也来吃吃自己制作的腊肉。元宵节过后，她接到了几个异地同学的电话，都嚷着也要她去做纯正的腊肉。

“远怕什么？肚子里的馋虫都跳出来了！”

○种下一颗向外的心，从味觉开始

邵阳市新邵县的杨越忠拿出了祖传的大红布，铺在已经有一百年历史的木头圆桌上，招呼一家人一起吃年夜饭后的零食。

呼啦啦，他从一个布兜里倒出一大堆糖果，堆满了果盘。“这是什么糖哦？蛮好吃！”一堆白色包装的糖果引得了全家人的赞赏。

“那是台湾的牛轧糖，‘糖村’牌的。”杨越忠的儿子在上海一家电子公司工作，因为工作原因经常满世界地跑。这次回家过年，他不仅带来了台湾的牛轧糖，还有比利时的巧克力、泰国的榴梿干……

一家人都被这些陌生的食物吸引住了，他们围坐在那张只有过年才舍得搬出来的、铺了老桌布的老桌子前，像发现新大陆一样小心翼翼地剥开包装，放入嘴里，细细品味。小孩们俨然把这位大哥哥当成偶像，好像从他那个装糖的布袋子里能倒出整个外面的世界。

犹记得，小时候最期待出远门的父母归来，他们鼓鼓囊囊的口袋里永远有外面世界的味道，那里藏着北京的烤鸭、江浙的点心、新疆的葡萄干……我们认识外面的世界，竟也可以从味觉开始。

那些远来的食物，打开了外面世界的一扇门，挂在舌尖上的，是对未来无限的期盼。

无谓遥远

安徽省亳州市蒙城县立仓镇农贸市场。2013年初。是谁集结的这些年货，从四面八方？又是谁会将它们采买回去，回到每一个家？
摄 _ 胡卫国

○翻越遥远，怒放繁华

山区多雨雪，尤其是夜雨夜雪。冬夜十分适合围炉听雨赏雪，那是人间的至暖之一。

还有一种暖，是在围炉之上架个火锅，炉火正旺，锅正沸腾，酒已温好，食材的香味充满了屋子；暖烘烘、热腾腾的房子里，一群人不急着动筷子，更不急着举杯，他们知道，外面的风雪里，还有自己的亲人在赶路，朝着这间屋子的光亮而来。

吱呀一声，门开了，来者风尘仆仆、眼睛光亮，从怀里拿出自己带来的礼物，有时候甚至是家里新收的萝卜，还带着泥土，急急削了皮，切块，放进那已经煮好的火锅，咕嘟嘟炖着，酒过三巡，味道刚好。

张家界的“三下锅”，就颇有这种风味。将现有的食材一锅炖了，让食物互相影响，互相作用，反而有种奇特的味觉体验，尤其适合下饭。也许，在久远的岁月里，山民们将其变成了分享的一种，各自带着各自的食材，入水熬炖，你中有我，我中有你，好像在岁月里，你搀扶着我，我搀扶着你，一起走下去。

而年夜饭上的火锅，注定要更丰盛湘西有一种食物，叫“黄雀肉”，鸡蛋、面粉、肉末及作料混合在起，入油锅煎炸，炸到外部焦黄可。放冷后，这种食物既可以单吃也可以入火锅，它能将一锅的精华道都吸收，小小一块，怒放繁华。家里的小孩，往往能得到最精华的一块，家里的长辈，连吃个火锅，不忘把最好的给孩子。长大远走的子，大概也会在午夜梦回，想起当那顿热腾腾的火锅，那好吃到汁水溢的黄雀肉。

也许，多年后的他或她，也会不顾雪，远赴家宴。

中国人的字典里，当“远”碰上“年”，就再没有“远”这回事了那顿除夕的年夜饭，是中国人关于的所有想象的具象化。

我们像奔赴理想一样，奔赴那张热腾的饭桌，虽远，必来。

天涯海角，只为此时，此刻，与人，共此“食”。

周建干鲜店

江汉深处小吃多

文/李汇群

距离湖北武汉西南方向约227公里处，坐标显示为荆州，一座长江边上的古城。史上刘备借荆州的故事，是这座名城一千八百年来辗转浮沉记忆的一个鲜明注脚。

城镇的历史，往往受大势左右。从春秋战国到明中期，荆州一直是江汉平原的中心；明成化年间汉水改道，改变了江汉平原的格局，武汉三镇兴起，古城的光华逐渐黯淡。荆州从此被遮掩于一片静默中，悄然度过明中期以来数百年烟云岁月。

“万里长江，险在荆江”，长江从宜昌三峡的崇山峻岭中奔腾而下，在湖南岳阳受到洞庭湖托顶，中间这段称为荆江。荆江的奔腾不羁，带来了丰沛的水量，催生出丰饶的物产。

荆州独特的地理位置、悠久的历史，使得它的年味小吃别具一番风味。

○过早三宝：蛋煎糍粑、炒汤圆、煮豆皮子

腊月二十八，阿晨一觉醒来，窗外白雪纷飞，路人的串串脚印在白茫茫的地上分外显眼。阿晨是荆州人，在武汉念大学，早早放假回家过年了。“爸爸，妈妈”，她高声叫着，却没人应答，这个时点，他们应该出门置办年货了。阿晨懒洋洋地从床上爬起来，嗅嗅花盆里盛开的水仙，盆中水清如镜，薄冰浮动，天气极寒，水仙花儿却开得格外娇艳，仿佛以怒放迎接新年。“又没人管我。”阿晨嘀咕着揭开厨灶下的瓦坛盖子，从坛中捞出两块糍粑放在砧板上，用刀切成小长方块。再打散两个鸡蛋，将糍粑裹以蛋液，然后架锅烧油。待到锅中微微冒烟，把糍粑投入锅中，煎到糍粑鼓胀，两面微黄，捞出，再撒上白糖。糍粑蓬松糯软，吃起来格外有滋味。

道蛋煎糍粑，是阿晨最爱吃的早点一。可如果妈妈没有出门，她就会着妈妈给她做炒汤圆了。阿晨看妈做过好多次，可轮到自己，却总是握不好火候，容易粘锅。说起来也单，架锅烧油，然后汤圆下锅中火熟，再包裹糖浆，就可以出锅盛。如撒上芝麻或者花生粒，香香脆，口味更佳。

汤圆虽然爽口，但糯米不好消化，晨每次吃了，都要喝上几杯热热茶，才能让肚子不那么胀气。妈妈她叫唤过几次腹痛后，就不怎么炒汤圆了。更多时候，一家人聚在一起吃早点，妈妈更喜欢煮豆皮子。豆皮子是荆州人家都爱做的小吃，将粘（nián）米（坊间俗称的粳米及籼米，古俗称占城稻为“占米”，后演变为“粘米”，与糯米不同）、绿豆（或黄豆、蚕豆）按照一定比例掺好、浸泡，碾磨成浆，倒入锅中摊薄，烤得半干，一张面皮就算做好了。面皮出锅后，稍微放凉，用刀切成细长条，再晒干，整套工序才算完成。天好的时候，走在巷子里，能看到家家户户用竹篙穿晒成串的豆皮条，也有人家用大簸箕晾晒豆皮条。江汉平原上绵软的风吹拂着，在温煦的阳光照射下，豆皮子的水分一点点被晒干，逐渐变得又干又脆。要吃的时候，烧一锅开水，下几把豆皮子，放几撮青菜，就可以出锅了。吃豆皮子是要喝豆皮汤的，加一勺香油、一勺辣椒，撒一点葱花，豆皮子在舌尖融化，豆皮汤热热下肚，暖意从喉头涌到脚底。这就是家的温暖，家乡的味道。

○芳香满街巷：米糕、团子、灯盏窝

出荆州古城，沿荆江大堤往东南方向，坐落着小城监利。小雨在小城里土生土长，作为90后，成长的日子伴随着各种快餐食品的落地开花，小雨却不怎么爱吃。她更喜欢的，是小城里那些好滋味的点心。

小雨小时候总盼望生病，因为只要生病了，就可以理直气壮地让妈妈给她买水晶糕吃。那是一款脍炙人口的糕点，制作时首先把面粉、红糖拌匀，入锅炸脆，出锅后在模具里上下平铺，加一层熟糯米粉，再用石碾碾紧，切成块状，即告完成。洁白精致的水晶糕，糯酥甜脆，凝聚了小雨儿时的美好记忆。

对于小雨来说，过年的时节，也是品尝各色点心的开心时候。走在大街小巷，街头一锅锅热腾腾的米糕，总能让她雀跃不已。比如小巧玲珑的状元糕，用糯米粉加红糖蒸好，切成小方块，也叫方糕；芳香扑鼻的发糕，在粘米粉上撒放酒曲面，发酵后再蒸熟，蓬松香软，略带酸甜；洁白香滑的挖糕，大块的粘米粉蒸熟后刷一层熬好的红糖糖浆，切成厚薄不一的三

圆子·过年的必选项

安徽省合肥市。合肥圆子又叫“大元宝”，寓意团圆、招财进宝。圆子分为挂面圆、糯米圆、山芋圆、藕圆子等。虽有大别山阻隔，安徽、湖北两地人对圆子的喜爱却是一致的。上百个炸好的圆子盛一大盆，是农历新年餐桌上绝对的必选项。

摄 _ 解琛

糍粑·保存不易
湖北省恩施州。糍
的储存很讲究，做
后经适当风干，如
继续放在通风的地
会使糍粑裂口。通常
两种方法保存，要
用塑料袋把糍粑密
放入冰箱；要么将
全部浸入水中。不
怎样，别耽误了过
吃糍粑才是最重要的
摄＿宋文

角形，也叫切糕。小雨最爱吃切糕，切糕一般是由糕点师傅挑着担子沿街叫卖，客人说好分量，师傅手持双刀插进糕中，切下、夹起，动作一气呵成、潇洒自如，分量也给得足足的。如果是夏天，师傅切下糕后，会用荷叶包好拿给客人。荷叶的清香和切糕的香气融合一处，丝丝缠绕，充溢鼻中、口中，是小雨心头挥之不去的生动记忆。

还有顶顶糕，也是由挑着担子的老人家沿街贩卖。担子里挑的是小火炉，遇到要买顶顶糕的，老人家停下来，拿出竹杯，加入粘米粉、糯米粉、红糖，平平盖好。在炉上蒸几分钟后取下，用小木杵把糕顶出来。小雨最喜欢看米糕被顶出来的一刹那，白白的顶糕散落在纸面上，中间糊了一
圆形的红糖片片，看着就觉得新鲜
口，忍不住要一口气吃好多块。

团子，是小雨钟爱的另一种小吃。
粘米粉磨得细细的，在锅中翻炒
加少量温水揉好；再将豆腐干、霉
菜、萝卜干、腊肉等食材切成丁块
末状，加油、盐下锅炒熟后做成
料，外包揉好的米粉，搓成团，称
团子。蒸团子口感筋道，炸团子油
入味，最让小雨念念难忘的是烤
子。正月里一家人围炉夜话，在通
的煤炉上架几把火钳，放上蒸后
干的团子烧烤。偶尔，调皮的小雨
剥一个橘子，把团子放在橘皮里一
烤，橘皮的香气和团子的香味混合，
团子烤得微微开裂，香香的油汁

，捧在手上，嗅入鼻中，暖在心头。

利人爱吃米制的各色点心，灯盏窝是其中之一。糯米磨碎调制为粉，在灯盏形的模具上，倒入糖拌的红、绿豆，再裹上一层米粉，然后放锅中油炸，炸成金黄色后出锅。上去像一个小小圆饼，只不过中凹下一块，形如老式的铜油灯盏，佛可以放盏小灯，所以俗称“灯盏”。小雨最爱吃刚炸好的灯盏窝，脆爽口，甜而不腻。

一次，小雨看电视剧《血色湘》，男主角给女主角唱情歌——情姐门前一道坡哟，别人走少我走。铁打的草鞋磨破嗒哟，岩头站起盏窝”，顿时恍然大悟，原来长江对岸的湖南人也吃灯盏窝欸，只是不晓得是什么口味。揣着这份好奇，小雨后来去长沙，还真吃到了湖南灯盏窝，但入口偏咸，吃起来不太习惯。

还是家乡的灯盏窝最好吃，长沙之行让小雨确信了这点。

○年饭桌上的必选项：鱼糕和藕圆子

从监利开车一直往东，浩浩渺渺的洪湖水映入眼帘。洪湖水缠绕下的监利、洪湖两地，比邻而居，饮食口味也十分接近。

比如让春生念兹在兹的鱼糕。

豆皮·罕见烫功
湖北省恩施土家族苗族自治州。荆州的豆皮形如薄面饼，需要刀切成条。而恩施的豆皮是将豆皮浆很有技巧地倒在土灶大锅上，烫成细条。如今的“恩施豆皮”已不再是只有过年才能吃到的“奢侈品”，机械化、流水线的生产使得“烫豆皮”技艺快要消失了。
摄 _ 宋文

鱼糕·有余无虞

湖北省咸宁市赤壁市。将整条青鱼洗净，留大块鱼肉，削片，沥干，剁成膏状。膏中加入淀粉、蛋清，上笼蒸熟。鱼糕是湖北人年夜饭的必选项，也是湖北饮食中“吃鱼不见鱼”的代表。

摄 _ 阮传菊

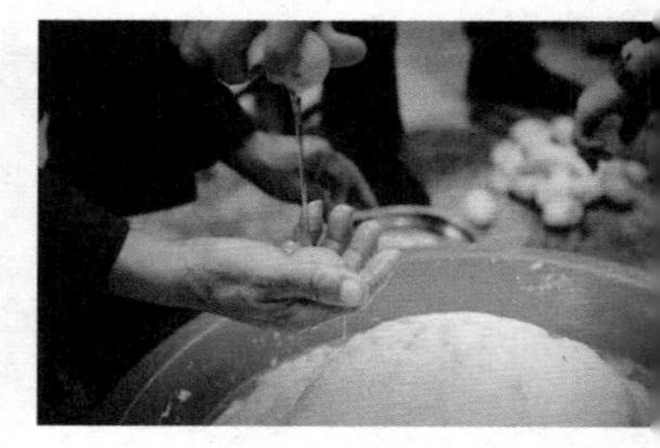

生离乡多年，每次回家过年，最爱的就是细白糯软的鱼糕。水乡多，清冽冽的洪湖水里，多的是肥壮嫩的草鱼。临近年关，鱼卖得更紧，春生爸挑中一尾草鱼，直接宰杀拿回家。在厨房里洗净鱼身，去，剔下最好的鱼肉，细细剁碎，加末、细盐、生粉腌制成茸。知道儿爱吃鱼糕，老人一气儿打了好几个蛋，都是荆江大堤堤脚上散养的土下的蛋。他小心翼翼地把蛋清沥出，和剁碎的鱼茸搅匀，在蒸格上铺层白细纱布，整个把鱼茸铺平，上开蒸。大约半小时后，揭开蒸盖，蛋黄倒上去抹匀，再蒸五分钟，即成功。倒出蒸好的鱼糕，切成条，过年的一道大菜就准备好了。鱼可以涮火锅、做鱼糕汤，或者和肉子、鲜笋做一碟美味的三鲜，那种味，鲜得嘴里、鼻腔里，甚至肺里满满的，让春生魂牵梦绕。

有那盘藕圆子，是春生过年一定要吃的甜点。将鲜藕去皮，用擂钵研磨成藕茸后倒入白纱布中，沥掉少许藕汁，把藕茸团成一个个圆子，倒入滚烫的油锅，炸至金黄色再捞起。每年爸爸炸藕圆子的时候，是春生记忆里最幸福的时刻，搬个板凳坐在旁边，陪爸爸聊聊天，尝尝刚出锅的藕圆子，一股藕香沁入心脾。等到年三十，春生爸更要大显身手，他的拿手好菜就是糖炒藕圆子。在锅中倒入白糖，加少许水，熬成浓稠的糖浆，再倒进炸好的藕圆子，小火上浆；冷却后，晶莹的白糖裹在藕圆子上，煞是好看。咬上一口，藕香扑鼻，甜脆爽口，那滋味一辈子也忘不了。

这些年，春生走过许多地方，吃过多种美食，可在他的味蕾存储中，始终满刻着鱼糕和藕圆子的香甜。毕竟，最能征服游子之心的，始终是家乡的美食——每个人灵魂深处的记忆……

湖北省武汉市。过年的汤圆，与街坊一起排队尝鲜，就图个好彩头。摄 _ 孙辰

姑苏鱼，东山年

文/姚萍

离过年还有好几十天，王家姆妈就要打电话给专做大青鱼生意的江老板，询问今年青鱼的长势了。

王家姆妈是从前下放时认识江老板的。那时，江老板还是太湖边一个人民公社的小社员，人称江毛头，十六七岁。王家姆妈后来回到了苏州城，大约是90年代初的一次过年，江毛头还拎着一条大青鱼来过王家姆妈家。

一路上，大青鱼的尾巴甩啊甩的，把左邻右居都看得致注目礼。那时的物质状况，谁家过年能有一条大青鱼，拉仇恨啊！

○过年要有好多鱼

距过年差不多一个月的时光，王家姆妈终于买到了满意的大青鱼，每条都超过十几斤重。

她把早就准备好的粗盐加了花椒在里炒热，去除盐中的水分。稍晾，鱼均匀地搓抹上盐，装坛，压实。天后，取出挂到户外三脚架支起的竿上，风干。腊月的天气，最适合样的制作。几日后，随着滋润的鱼滴滴渗出，鱼肉变得既紧致又鲜嫩空气中弥漫了诱人的咸香，路人过，又是一串注目礼。

哇，这么大的大青鱼，过年有得了！邻居们走过，都会半是好奇，是羡慕。

一点点呀，王家姆妈听了，总要开心解释：这条大青鱼，过年只用其中的点点，做一道香糟青鱼，又叫作“青直上”，是一小盆飘着酒香，在咸鲜稍带甜味的冷菜，按年轻人说法，是西菜中的前菜。中国式的年夜饭桌上都要先摆一圈冷菜，以配合酒，这道“青云直上”，只是八至十前菜冷盘中的一小个哦。

，一大条青鱼，做一小个冷盘，还这样又腌又晒又酒糟又加糖又清蒸，多费功夫啊！

哎呀，吃鱼当然要舍得功夫呀，王家妈妈说，除了备好的太湖三白，我还要再用一条大青鱼做熏鱼呢；还要起大油锅，做松鼠鳜鱼；还要用长江鲜鱼，做年夜饭的最后一道大菜，到时整条端上桌来，大家都只有看的份儿，都再也吃不下了，这才真的是"年年有余（鱼）"呢……

○苏州人过年最爱枣泥拉糕

如果说，"年年有鱼（余）"是江南年菜中最密集展示"丰收""喜庆"的载体，那么，用稻米压成粉蒸制的"年年糕（高）"，就是更资深的年夜饭代表了。在这个已有七千年稻作文明史的地区，平时主食是米饭，可是到了年夜饭，却都不吃饭，要吃年糕，"吃了年糕，年年高"呢。

和鱼一样，这个地区的人平时也经常吃糕，且不同的日子要吃不同的糕，以寄托不同的情怀和心愿。初春，要忙农事了，吃一种热油煎炸过的撑腰糕——结实腰。初夏，万人空巷轧神仙，都要吃有红豆沙馅的神仙糕。秋天，九九登高，要吃夹有九种馅料的九层重阳糕。新屋上梁、乔迁之喜、学子中榜、老人祝寿，这样的喜庆日子，不仅全家要吃象征胜利的定胜糕，还要把散发着玫瑰香味的这种8字形红色糕点，分赠亲友四邻。随着地域的小小不同，不同糕的样式和所承载的故事也各不相同。

譬如年糕，苏州城里的年糕，样貌有如古老城墙上的城砖，带着古早糯米做城砖守护古城的记忆。而在古城几十里外与太湖衔接的东山老镇，年糕就是矮圆柱形的，恰如这里三面是湖的天然地形。

枣泥拉糕是苏州人最喜欢的名糕。我曾有机会结识苏州拙政园早年园主张紫东的后裔张老师，张老师忆起从前他们在私家园林里吃什么时，就谈到过怎么鉴别枣泥拉糕的品质。上乘的枣泥拉糕，并不以大著称，而以小巧的暗红色菱形为美，糕体要柔软莹润，软而不塌，才能端出来待客。以筷夹糕，要一点也不粘筷子，却入口绵糯，才能品尝。糕上点缀的松仁，要明如皓齿，却无一叠连；同蒸的金桂，闻得芬芳四起，却花型依旧，才好。食之，口颊留香，却并不多食，才是品糕之人……

听宾馆的制糕大厨介绍，枣泥拉糕要先将核小肉多的红枣蒸熟，去核去皮，做成枣泥后，再与白糖、猪油一起熬制成汁；以此汁为水分，与一定配比的糯米粉和粳米粉揉合，经过醒粉，倒入模中造型，嵌入松仁和桂花，最后才上

摄＿骆善新

蒸制而成。枣泥拉糕的红、巧、甜、
、精、妙，集中反映了江南人的性
和美食特色——老少皆宜、主客皆
、四季皆宜；但本质还是一款秋冬
米点，因所要用的新米、红枣、桂花
原料，都要待秋天成熟才有。所以
年夜饭上，枣泥拉糕也自然而然成
一道不亚于年糕的点心。

东山年的肉菜里，最是各种小心思

与枣泥拉糕最匹配的菜品是什么？

如果正值五六月，“靠山吃山，靠水吃水”的东山国宾馆，会推出只有这里才有的“枇杷虾”。枇杷是山上刚采下的“白沙枇杷”鲜果，果肉洁白，皮色嫩黄。小刀挑出枇杷果中的棕色圆核，在空出的位置填进事先已剁茸调味的太湖白虾，大火快蒸，既有枇杷外形，又有鲜虾美味的“枇杷虾”，就清新出场了。啊，这也太奢侈了吧！像一出自然传奇。但是为什么不？这么好吃的组合！

再来一道“杨梅骨”。杨梅也是太湖东山的著名出产，美中不足的是她紫红的青春特别短暂，保鲜期一般只有一个星期左右。那就抓紧这一星期的宝贵时间吧。把红烧小排煮得九分熟后，放入鲜紫的杨梅。奇迹出现了，紫红的杨梅骨，美妙的酸甜超过了通常的糖醋，水果的清丽飘逸了猪肉的肥腻，顿时，俗常的肉食上升到了诗意的境界。然而，这只是漫山遍野的寻常杨梅，与太湖小猪的一次随性的联欢啊。

但是，过年是寒冷的季节，树上没有枇杷，山里没有杨梅，鱼虾藏在温暖的水下，不能惊动它们的安眠。年夜饭上，就换成白果炒虾仁、栗子红烧鸡吧。栗子的饱满，好像鸡妈妈新下的蛋，满堂儿女，多子多福啊。

当地民俗，下雪的年前，最宜先做好一些大菜的雏形，以备年夜饭再加工时，不致手忙脚乱。选肥厚的野甲鱼养着，把大砂锅洗净晾干，准备黄焖太湖野甲鱼。宰一只有名的东山羊，或白切，或红烧，候汤水自然凝冻，才是最美味的节奏。留在地里的太湖萝卜，天晴就拔出来吧，杀只肥母鸡煮透，到时用鸡汤与萝卜块同煮，去油洗胃，不要太受欢迎哦！

大肉菜还要不要准备？还是要吧。与吃糕一样，苏州人对于大制作的方形大块肉，四季都有不同的烹饪代表作。春季是樱桃肉，将一大块做得酱红酥烂的整肉，皮断肉不断地割成均匀小块，状如快乐的樱桃，迎接春天的到来。夏季是冰糖酱汁肉，加了冰糖烧出的猪肉，肥而不腻，肉色清亮，吃了有助于度过漫长的酷暑。秋天最宜荷叶粉蒸肉，荷叶的清香，加米粉的糯香。冬天做肉菜的空间最大，新稻收获了，可以做稻扎肉，先

太湖有鱼
都说年年有余，苏
人会告诉你，最好
鱼在太湖。而太湖
好的出产，是“太
三白”，即白鱼、
虾和银鱼。太湖刚
捞起来的银鱼，在
光的照射下显得特
通透。太湖的“
杂鱼”，如今已是
级宾馆饭店桌上
上品。
摄 _ 张克新

用稻草垫底，再将一大块五花肉用稻草横三竖四地捆扎好，砂锅焖煮，稻香洋溢！做东坡肉，烧煮时要完全以酒代水烧煮而熟，那种浓香啊，佛要跳墙……

但是，现在人们平时食肉量已足，年夜饭上的肉菜，更多地是吃寓意、吃造型。在太湖东山民间，有一种“向阳肉”，经宾馆改造组合，创制成“元宝向阳肉”，近年来颇夺年夜饭之肉菜风头。把大块的五花肉用盐水、葱姜焖烧了，经过三四个小时徐徐入味，放凉，连皮带肉切片待用。取山上竹林走地鸡吃活食下的蛋，做成金黄的蛋饺，象征“元宝”。然后，在锅里先铺垫好一层竹笋——此物在年夜饭上讨口彩，被叫作“玉兰片”，功能是专吸猪肉的油汁；在玉兰片上一层肉片一层蛋饺地层码好，二次调味烹饪成菜后，连锅上。此时，元宝金黄，五花肉瘦的红，肥的透明，“元宝向阳肉”大光芒。而最精彩的，是吸收了肉汁玉兰片，此时更加鲜美，元宝向阳的汤汁，也荣升为糕点的神仙伴侣。

○讲究人必买：“年糕蔡”“豆腐罗”

吃过糕点，沿着湖山，去东山老“年糕蔡”家取预定的年糕。这表述年糕的量词，不是“块”而“蒸”，每蒸年糕，“身高”约5厘米，“腰身”20厘米，是好看的圆柱形，

中央簇拥着五彩的蜜饯碎，有绿青梅、粉玫瑰、金桂花、白梨脯、红橘皮，都是太湖山上的出产……2015年过年前夕，在这里土生土长四十多年的小蔡阿姨，一个人在家做了1 500多蒸年糕，用了整整1 500千克米粉！

1 500千克的年糕，从选料、淘洗、晾吹、磨细，到勾兑、糅粉、醒面、包制，最后上笼蒸制、把握火候……做成年糕，想想都要累瘫，何况她还要上班。小蔡先前在镇上一个全国重点文物保护单位“雕花楼”的附属餐饮部担任点心师，很擅长做传统的米粉糕点，如夹豆沙的猪油糕、雪白如花苞的雪饺，以及像蛋糕一样的一蒸蒸圆年糕。现在，她虽然有了新工作，但还舍不得老手艺，知道她做的年糕特别好吃的人，也年年到她家预订这种手工年糕。

提着年糕，还要去采购年夜饭上不可缺少的豆制品。

循着好闻的豆香味，可以在东山杨湾的一条小巷里找到著名的“豆腐罗”，这里就是有百年历史的著名“东山老豆腐”产地。用这家豆腐做的年菜“金砖”，特别柔韧多孔，吸收汤汁，一口一个饱满。“豆腐罗”从清朝起就有名气了，罗爷爷和罗爸爸在豆香中都很长寿。如今快六十岁的第三代“豆腐罗”，还遵循着传统的环保做法，但规模不大，每天只把在自家厨房里做好的豆腐，按时推到集市上卖；晚了，就买不到了……

长江有鱼
长江刀鱼、鲥鱼和河鲀并称“长江三鲜”。每年仲春至暮春时节，长江三鲜最为丰肥鲜美。相比河鲀的珠圆玉润，苗条的刀鱼如一柄优雅的细刀，在江里快刀斩水，却有着最柔软的鱼骨。它的一个很极致的吃法，是做成刀鱼馄饨的馅料，足见其鱼骨之细软，口味之鲜嫩。
摄 _ 刘必荣

淮扬菜的深意

文／陈洛平

扬州南临长江三公里，东有运河穿城而过，西北有山岗丘岭，东北有湖网港汊，一年四季分明，烹饪原料层出不穷。

淮扬菜兴于春秋，盛于隋唐，中兴于明清，延续到现在，开国大典后的国宴也首先以淮扬菜为基本格调。历史传统为其贴上了富贾大商、文墨渲染、厨师斗技的标签。而我认为，淮扬菜是中国最和谐的菜式。现代的和谐大约可以等同于古代的中庸，中庸是不温不火，而自明代以来淮扬菜的菜单，包括满汉全席上的淮扬菜菜品，都注重环保、平衡膳食、温和养生。中庸思想在淮扬菜系中体现得淋漓尽致。

淮扬菜注重色彩、口味、方法的搭配。人们认为它只是清淡，而实际上清新平和才是它的主题。淮扬菜有八个字最值得大加赞扬——应季而动，按时而别，这是淮扬菜的灵魂。

新春佳节，淮扬菜在年夜饭桌上展现着它独特的魅力。北方人大年三十吃饺子，但是在南方的淮扬菜系中，人们以汤圆为主食。种类丰富在于菜肴。荤菜方面，虽然扬州有年三十不能吃鱼的讲究，但鱼在过年期间必不可少，红烧、醋熘或者做成糖醋口味，其做法可以多种多样，但绝不允许把鱼做成颜色发白的菜肴。鳊鱼、白鱼、鳜鱼、鲫鱼是淮扬菜中肉质精细的四大品种，但三十晚上的鱼不允许用白鱼和鳊鱼。因为白鱼一般是做白事用的，鳊鱼也不吉利。上桌的主要是鳜鱼，寓意富贵吉利。鳜鱼馔有红烧鳜鱼、醋熘鳜鱼等。美味的鱼肴做好，到大年初一再吃就可以了。

冬季时令在小雪以后进入了大雪，南方各地开始腌制食品，淮扬地区用盐腌制肉食，然后挂出去风干，制成咸

鱼、咸鸡、风鹅等。比较富裕的人家在过年时要把它们呈现在年夜饭的餐桌上，其中风鸡就是一个代表菜。正月十五元宵节也叫“灯节”，在扬州每年正月十三上灯，正月十八落灯，做风鸡不能超过正月十八，就叫“风鸡不过灯”。

风鸡作为淮扬菜中的代表，可以做成清蒸风鸡、风鸡狮子头等。

说到狮子头，大家最熟悉的是蟹粉狮子头。其实狮子头是一个系列，其种类按照季节和配菜的不同而有所区别。在春天，第一个开市的就是风鸡狮子头，但上市的日期不能超过正月十八；接下来就要吃河蚌狮子头、春笋狮子头、鮰鱼狮子头等，从春天开始向春夏之交进发；到了夏天，需要少油腻、味清淡的菜式，就有了珍珠狮子头、清蒸狮子头、荷叶狮子头等；秋天当属蟹粉狮子头；秋冬之际，还有用鸭掌和鸭翅作为重要原料的掌翅狮子头。

在年夜饭的素菜方面，因为讲究吉利，淮扬人首先会选择俗称“路路通”的水芹。水芹的纤维组织一根到底，在植株中贯通，寓意新的一年遇到什么事都能顺利解决。第二个就是豆苗，北方人叫“豆苗”，南方人叫“安豆苗”、“豌豆苗”，有平安之意。人们对安豆苗的喜爱使豆苗在春节时最贵能卖到80元一斤，非常金贵。其他菜没有不要紧，每家每户一定要有安豆苗和水芹。一般用水芹制作水芹炒百叶，百叶是一种豆制品，在北方又叫“千张”。豆苗则用来制作糖醋豆苗、盐水豆苗等。

春节的年夜饭里还有一些特色的菜品，比如说芙蓉鸡片、芙蓉鱼片。大户人家会制作“凤求凰”，说得通俗一点就是用老母鸡炖汤。还有炒米，也是必不可少的。

狮子头有很多种

人们只知道蟹黄狮子头是著名淮扬菜，却不知淮扬菜随时令变幻，狮子头可以有很多种。就如同人们只愿慷慨激赞最美的风物，不意风物千种，各有好处。年的味道，一直在那里，舌尖在各人，自己品咂。

摄 _ 蒙紫

春初，扬州乡下晾晒着雪里蕻。新一轮的美味将从这抹绿意开始酝酿。摄 _ 罗军

海城，地震也挡不住过年

文／徐龙

东北有很多山东人，据我爷爷说我家祖籍在山东蓬莱。春节之前就开始摊煎饼，一摊就是一缸，高高地摞起来。过年时候，大姑娘小媳妇聚在一起包饺子，男的嗑瓜子、喝酒，打点小牌，冬闲嘛，过年就是玩儿。

○过年猪，黑毛白毛都是白条

我姥姥是农村的（海城市析木镇张仙峪村），那个时候穷，杀猪也不是常有的事。家里养猪的杀完猪，就卖掉大部分，自己留点。过年杀猪那天会请亲戚朋友，人越多说明你家人际关系越好。村子大的几百户，小的百八十户，街坊邻居亲戚朋友都是这一圈的，大家商量好，从腊月二十三开始，轮流杀猪请客。

一个村会杀猪的就一两个人，过年就是杀猪人最忙的季节，也是挣小费的时候，不给钱就给肉、肠儿、肝儿过年拿回家吃。那时候老百姓都比穷，平时也怕吃太多，但是那天就说“随便吃”。来的人多能吃一半人少能吃三分之一，吃完以后每家戚朋友还会带点回去。这样的挨家饭能陆陆续续吃到春节以后。

这顿饭一般是早上起来八九点钟开准备。那时候东北冰天雪地的，比在要冷，把小炕桌儿搬到院子里来，架在雪地里。几个人到猪圈里一起拿绳去捆猪，猪怕得嗷嗷叫，上四个蹄抬出来就老实了。要从猪间穿上杠子抬，小的一般二百多斤三四个人才能抬走。猪抬进院里，卧在炕桌儿上，杀猪刀是专用的，水果刀一样长长的，杀猪人知道猪各个部位，刀从脖颈下去，直接捅心脏，下面放个缸接猪血。

缸里捧进新下的雪，雪很干净，能

水来稀释猪血，防止血凝成块。

分钟左右，血放完了，撒上点盐，高粱秆哗哗一搅，盆里的血就算准好了。

猪毛是必需的。脖颈上的破口堵，要像吹气球一样把猪吹得涨起，这个我印象特别深刻。

猪人在猪蹄儿的后边，拿一根粗铁捅进去，把猪的筋络全部通开，然往里面吹气。过去没有电动的工，靠人工吹，特别耗力气，没有肺量不行，吹完以后人脸都红红的。皮吹起来后，把捅开的口儿系上，拍皮球一样嘣嘣嘣地拍，猪的汗毛就张起来了。这时，院儿里支起大，热水烧到七八十度往上浇，把猪毛孔全部打开，用一种专门的铁板哗地刮猪毛。刮干净以后，不管是毛还是白毛，猪皮都是白花花的。

开膛，要从脖子那儿开始沿肚皮砍，内脏哗啦倒进一个大盆里。分开后，胸腔里边还会有点血，很腥，温热着，用小碗舀出来。这碗血非珍贵，只有杀猪的人才有资格喝，示对杀猪人的尊重。猪劈成两半，头剁下来放在房檐底下，当时的东，室外就是天然的冰箱，一直等到月二龙抬头才能吃这个猪头。我小的时候真是冰天雪地，刺骨般的；现在天越来越热，猪头可能放不那么久了。

○大盆菜，够味道

猪劈开后分件，前肘、后腿、五花，砍成大件，再灌血肠。血肠各家味道不一样，小肠洗净，血里加点花椒面儿、葱花、油，灌进肠衣里边，一边灌一边系成一节一节的，放进温水里慢慢煮。

煮血肠也是很有技术的一个活儿。血肠肠衣很薄，灌注时会有空气在里面，为了防止它在煮的时候爆掉，要用针在上面扎小眼，使空气随着热气的蒸发排出去。扎早了，血肠会漏；迟了，会爆开。慢慢地，血肠随着温度升高而凝固，就能进行下一步了。

锅洗净开始煮肉。肉简单切成大块放在一起煮，这是过去满族的遗风。白肉、血肠、东北的酸菜，再加上粉条、冻豆腐，放在一起慢慢炖，就成了饭桌上的主打菜——杀猪菜。煮熟的肉切一盘，沾蒜泥加酱油，做成传统的蒜泥白肉。剩下的做配菜，猪肝做炒肝尖，大肠来熘肥肠，每个部位都做一点，想吃什么就做什么。

那时候的菜不像现在一盘一盘的，都是大盆装，酸菜白肉一炖就是一大锅，过年人多，东北人食量又大，一小盘一小盘地上菜简直让人笑话死了。菜盆大，味儿也香。现在过年也杀猪，但图省事都送屠宰厂里，好多人外出打工，人越来越少，再吃不到那个味道了。

杀猪菜里的明星
一大桌子杀猪菜，果没有血肠就不完切血肠的刀要快，出的肠衣表面颤悠突起，鲜嫩如同蛋晶莹油亮的血、白似的肠衣被层叠码犹如绽开在瓷盘中血色牡丹，再配上一碟浓黑缀白的蒜酱，间有了水墨丹青的觉冲击。
摄 _ 许丛军

年夜饭包饺子，可以有酸菜馅、猪肉白菜馅、牛肉芹菜馅、三鲜馅，但韭菜一定要加。韭菜被称为春韭，象征春天到来，这种韭菜又少又贵，但滋味足。炖鱼，一般是鲤鱼、草鱼或黄鱼，经济条件好的买海鱼。年饭上必吃猪蹄，东北话是“挠搔挠搔，越过越好”，寓意家里都往前奔。

听大人说，东北以前三十晚上不吃鸡，不同于南方“大吉大利”，老百姓穷怕了，认为鸡是“饥”的谐音。十里不同风，百里不同俗，辽宁大连那边靠海，吃海鲜多些；兴安岭附近树多，吃猴头蘑之类的菌子；吉林林区那边还吃飞龙（即榛鸡），但现在是保护动物，不能再吃了。

正月里早上吃一种甜点——黏豆包黄黏米做皮，包子一样裹进自家做豆沙馅，包好放外面冻起来。吃的候往锅里放上油，小火煎到外面有层脆壳，蘸白糖吃。

正月十五吃元宵。滚元宵需要机械辅助，一般是去买。汤圆自家包，团圆圆又一年。

○ 7.4级地震，照样过年

我对1975年的春节记忆特别深刻

时我刚上小学，海城过年前发生了场7.4级的地震。那场地震预防做好，没有多少人员伤亡，堪称中国震史上的典范。

每年放假就去海城，那时候娱乐活比较单调。记得那天我正坐在炕头搓嘎拉哈（羊拐骨），忽然就像坐车一样，咣当咣当地在炕上忽悠左下，忽悠右一下。当时年纪小，感真好玩，现在判断当时已经有三四地震了。农村离县城远，过了半天从公社大队传来通知，刚才地震，可能会有大地震要来，家家户户须从房里搬出来，搭地震棚住外。每家限量砍几棵树，在院儿里搭成三角形的帐篷住进去。晚上防止冻耳朵，要戴帽子睡觉。

没到腊月二十三，就有小地震了，老百姓心想不管怎么样先杀猪吧。所以就陆陆续续开始杀猪了，搭上铁架子，垒起灶台，架上临时的锅，劈柴，烧火，做饭，天天吃肉。

腊月二十四，大地震来了，虽然民居都是砖木结构的，倒塌了不少，但是预防得当，大家都住院里，没几个人受伤。地震晚上来的，只听到轰隆隆地响，小孩也不知道害怕，只觉着特别好玩。第二天，我跑到田里，看到土地崩开一米多宽的大裂缝。

全明星菜

北京市。2012年。一户普通人家的年夜饭，没有杀猪，有螃蟹，有虾，鸡鸭鱼肉，卤腊拼盘。近年来，城里人的餐桌上，餐餐有大菜，“明星”也不再稀罕了。摄 _ 担头

○大伙儿就是图个开心

小时候讨厌下雪，特别冷，雪深到没膝盖。农村出门不方便，都靠走路，偶尔有自行车。村里边的娱乐活动，就是大队小队组织扭秧歌儿。

海城秧歌队很有名，高跷队在全国来看也有一席之地。扭秧歌的都是同村农民，由文艺队组织起来，队伍前面扯上条幅，写着某某村秧歌队，有的画花脸，猪八戒、孙悟空，还有跑旱船、二人转。

二人转的舞台设在队部开会的院儿里，外面冷时会到家里扭，炕上简单铺个竹席，不怕踩，观众围着炕看节目。朋友老王的家在吉林柳河，听他说，过年门口一放大鞭炮，秧歌队就喜欢来，上午来扭一下，下午又来扭一下，明天还来；到十五就集合到一起，到镇上、到县里扭去。

当时大家表演只为图个乐，不收钱，给两根烟抽就行。

初一、初二不能出门。初一小范围地给本家的爷奶拜年，初二等嫁出去的姐姐带姐夫回门，初三亲戚们就可以互相走动了，朋友、同事、街坊、邻居开始互相拜年。

东北一天两顿饭，早上九十点一顿饭，下午三四点一顿饭，吃饭的时候喊家里的小子“去，放个二踢脚”。不一会儿，院子里就叮当响，意思是我家要吃饭了。别人家一听，他们家吃饭了，咱们也吃饭吧。

这二踢脚一直放到正月十五。

十五灯会打灯笼，当地各个机关、大队、单位用纸糊出各种形状的灯笼挂门口，做得好的还能猜灯谜，猜对了就给张小票，换个小气球、小手绢。还有人做冰灯。

最早的冰灯是自家做的。拿大水桶打满水放外面，趁水冻到外面有层壳、里面芯儿没冻上，把水放掉。就这样每天用水涮冰壳，冰壳越来越厚，十五那天往冰壳顶上钻个小眼，里面点上灯。后来条件更好了，开始从河里取冰块，雕冰灯。

二月二，猪头已经在房檐下放了一个月，可以吃了。

猪头耳朵上、鼻孔里的毛不好刮，要放进炉子里烧，整个猪头都烧成焦黄，放进小盆，泡在水里，一点一点刮。烧过的猪头毛能去得更干净，洗出来的大猪头，大耳朵，白白的，特别漂亮。猪头洗净，拿大砍刀从鼻子那儿劈开，分成差不多大的两半，再拆成猪耳朵、猪舌头、猪脸肉。一般都是酱着吃，拆剩的骨头炖汤煮酸菜。

吃罢猪头，新年过完了，打招呼就不再说“新年好”啦。

山东省青岛市李沧区李村大集。摄＿徐崇德

我在长白山采蘑菇

文/侯希骏

○长白山下我的家

自从我开蒙写作文起，“我的家坐落在美丽富饶的长白山下”这句话就套用于各种描述家乡、季节、人物的作文里。我和父亲都生于长白山下，归根结底，我的祖籍却是山东。

祖父八岁那年（1938），正值日军侵华猖獗之时。被逼无奈，祖父的父亲（即我的曾祖）用扁担挑着祖父离开了山东老家，走海路闯了关东。当年从蓬莱上船，本应在旅顺上岸，不料那船竟然抵达了朝鲜。无奈之下，曾祖横渡鸭绿江，在今天的长白朝鲜族自治县落了脚。曾祖举目无亲，为了生计只得去给地主家里做长工。祖父年幼，只能给地主家做些放牛生火之类的活计，这一干就是八年。

后来到了解放战争时期，祖父参加了民兵，战场上抬救伤员，原始森林里放哨站岗。1947年“四保临江”后，东北已无大仗可打，急需各种技术人才。祖父转而钻研电力知识，做了技术工人；后又主动请缨支援建设长白山脚下新建的林业局，直至离休。

父亲高中毕业后也在林业系统工作，在长长的贮木站台上检尺描号，2013年退休。我毕业后，原本想回家继续为林业事业奋斗，但正好遇上国家调整政策，不再以伐木为主，改为营林保护。我遂离家在外工作多年，可心中一直期盼着为家里做点什么。几年前，我还是回到了家乡，从事长白山森林周边的旅游服务。在祖父和父亲看来，这也算林业事业的接班人吧。

虽然已经不需要深入深山老林里工作，但是在父亲和祖父看来，那宝贵的生存经验是千金难求的。祖父常说，作为一个土生土长的长白山人，辨识各种蘑菇、野菜可谓是基本的存技能。小时候，每到蘑菇、野菜收的季节，我就在祖父或父亲的带下进山，完成在他们看来人生当中要的技能训练。在他们那个人烟稀、生产生活资料极度匮乏的年代，菇、野菜是深山里取之不尽用之不的果腹佳品。我年幼无知又贪玩，常被小松鼠或者鸟蛋吸引，忘记了食蘑菇的样子，又怕被训斥，就不认识的不认识的都放在背筐里。现想来，一筐之中能食用的无非两三而已。慢慢地认识这些山珍，已经长大以后的事了。

别说你吃过小鸡炖蘑菇

白山林区物产丰富，可食用的蘑菇多：每年最早萌出的一定是榆树上榆黄蘑，紧随其后的就是倒伏在树上的树鸡蘑、山木耳，还有扫帚、猴头蘑、羊肚蘑、松树伞以及连两顿会中毒的胶陀螺（山里人亲切叫它“猪嘴蘑”，因为若不小心吃了嘴会肿胀得和猪嘴类似，非得四天才能消肿）。

众多的山珍美味中，山里人最珍视是榛蘑和冻蘑。每年的立秋前后，是榛蘑的采摘时期。榛蘑生长在针叶树的干基部、根、倒木及埋在土的枝条上，一般多生在浅山区的榛岗上，故而得名“榛蘑”。榛蘑出三四批，头茬长得少，适合新鲜用。在本地家常菜“榛蘑土豆片”中，它是纯天然的鲜味调味剂，制作时无须放肉和味精，仅需些许盐，土豆中的淀粉和新鲜榛蘑中的黏液组合，就会滑嫩爽口，将鲜美发挥到极致。

二茬的榛蘑菌盖小小的、菌杆胖胖的，最是肥嫩。特别是雨后第二天数量最多、最为适合采摘。采摘后，通常挑出最肥美的用线穿成一串，挂在房檐下自然风干，制成的干榛蘑留待落雪后炖鸡最好。

冻蘑，名副其实，在气温较低的时候生长。非得是在霜冻来临后才能采摘到。人们喜爱冻蘑，原因有二：一是冻蘑每次一发现就是一大片，采摘的时候往往直至背筐装满，还剩余不少。这时候，不甘心的我，还得将上衣袖口系紧，做个简易的口袋继续装。二是冻蘑气味厚重，肉质细腻，柔嫩鲜美；可炒、可爆、可烧、可扒、可生食、可炖汤，几可代肉。

记得幼时采完蘑菇后都交给祖母。祖母擅长烹饪，且讲究节令吃食。年下及三大节自不必细说，诸如乞巧、重阳亦不落下。冬至食饺，夏至食面，三伏烙饼，腊八腌蒜。至于斩豆酿酱，晒果成脯，猪皮熬冻，河鱼烹汤，更不在话下。她总可用一双巧手，将平常时蔬略加转换，便是人间第一美味。但是最让我回味无穷的，莫过于每年年夜饭必有的那道小鸡炖蘑菇。

真正地产好风物
不以食材的角度看待，单就一丛蓬勃生长于产地的风物而言，长白山的蘑菇都是如此通透、俊美。美貌与美味怕是也有些联系吧。
摄 _ 唐志远

说起这小鸡炖蘑菇，还得说一句东北人都会讲的话："姑爷领进门，小鸡吓掉魂。"说的是这道菜既美味又体面，是新女婿第一次上门见岳父母的宴席上必须出现的，足可见这道菜在东北的重要性。这道菜给人最直观的印象就是量大份足，热气腾腾，和东北人朴实、厚道的风格一致。长白山下土生土长的我，对这道菜有着特别苛刻的要求。

小鸡必是当年春天自己家孵出的，终其一生只被喂饲两次。一次是出壳后三日，喂食一些用温水泡发的小米。待其绒毛干透，便散养于果树菜园之中，任其捉虫食草，不再喂养。经春复夏，待到年三十方才宰杀。第二次喂饲便是宰杀之前，灌上一杯人参酒。人参酒能去腥，使小鸡肉质脆，还能为鸡肉里添加人参独特甘香。

再说这炖鸡的蘑菇，榛蘑、冻蘑可，但意趣大有区别。冻蘑肥厚，欢吃肉者必定可以大快朵颐；我却加喜欢榛蘑天然的鲜甜，和它晾风干过后的芳香气味。品尝一片，性十足的榛蘑饱吸了肥美的鸡汤，佛又恢复了新生。筋道的口感、醇的浓香，在舌尖和味蕾上跳动不止风干的榛蘑在泡发上也有讲究。先表面浮灰吹净，将其从整串上一一下，放置在温水盆中。待其完全发好，干瘪的菌子又恢复了肥嫩时，筷子反复搅动百千次，攥干水分。换一盆温水，反复六七次，待水中无异色后，方可准备下锅。炖时，须得旺火铁锅，先炒鸡，后放蘑菇，多添汤水，滚开后小火慢炖，以待榛蘑慢慢吸收汤汁。趁着汤汁黏稠之时端上桌来，热气氤氲，香味四溢，妙不可言。

◯知止，而后美味不殆

我们虽然已经长大成人，几经叛逆波折，但从长辈那里得到的关心总是有增无减。正如我们曾经为了一己之私伐木毁林，但大自然还是给予我们高出期望百倍千倍的馈赠。榛蘑是迄今为止为数不多的被人们所认知但仍然无法人工培育的野生菌类，只能野生于自然。榛蘑不仅可以饱我们的口福，更是强身健体的良药，具有多种营养与功效。如今国家推行营林停伐政策，也算是我们对大自然的赡养吧。

长白山游人日多，“夏观天池冬戏雪”已为常态，我总是怀着对长白山的感恩和敬畏，希望把长白山的一树一花、山珍美食介绍给天南海北的友人。远来的朋友们都要求我带他们吃小鸡炖蘑菇。毫不夸张地说，我的推荐使每一位朋友都赞不绝口，更有甚者将蘑菇尽数吃掉，一份不够，再来两份。

又到了采摘榛蘑的时节，我想起幼年时在老宅过年的景象：厚厚的积雪，昏黄的灯光，我站在炕头上，透过小窗看着家里人在热气腾腾的厨房里忙活。窗旁放着一个黄铜烛台，门旁一口老旧的大水缸，缸盖上印着“年年有余”的搪瓷盆里盛着些冻梨、冻柿子。那时候时间总是很长，饭菜总是很香，让人难忘；也希望这让人怀念的味道可以由我继承与传播开去。

舌尖上的藏历新年

文/次仁央宗

○热火朝天的“卡赛”开启新年

西藏是一个多节日的民族地区。节日如同盛开在草原上的邦锦梅朵（青藏高原常见的一种蓝色小花，即龙胆草），镶嵌在一年的每个月当中。从春到秋，节日的笑声一直延续。

在西藏众多的节日当中，最为隆重的是“洛萨”（藏历新年）。由于藏历历算的特殊性，每年的藏历新年与阳历相比较，差距较大。但一般来讲，藏历新年会在开春之际。有一种有趣的说法，藏历新年与农历新年要么是同一天，要么差一天，要么差一个月。如2015年藏历新年和农历新年同为2月19日；2016年藏历新年是公历2月9日，农历新年是2月8日；2011年藏历新年是公历3月5日，农历新年是2月3日。

迎新年的过程中，炸“卡赛”（面果子）是最具年味的一种劳作。对于一个家庭来说，炸出来的卡赛种类多少、品相优劣、味道好坏都会成为新年当中的重要话题。每家每户炸卡赛时都笑声不停，议论不断；因为大家都太忙碌和欢乐了，这一天每个人都几乎吃不了或者说吃不下什么正餐。几家互助，几家联合，雇用帮手，互借劳动力，那些拥有技艺和经验的劳作者，不仅在这个时候用各种美味的卡赛来装点自家的节日，而且总是受到朋友们极大的欢迎。

进入21世纪的藏族年轻人，很少亲手炸卡赛了。所以临近过年时，街面上的许多店铺突然间变成了卡赛店。店内分工明确，一群人在炸卡赛，一群人在食盒内装各种备选卡赛，有秤重的，有收钱的，真是热火朝天。卡赛的销售期非常短，即便如此，生意最差的店铺也会在年前结账时盈利十多万。而那些生意好的店铺，甚至可利五六十万。

日历翻到腊月廿九那天，市场上的赛店如同变魔术般消失得无影无，无论是买家还是卖家，都会从那天开始在家里准备年夜饭。

黑心人还是爽快人，“古突”诉你

月廿九是新年节庆的前奏曲。这一农俗要吃一种特殊的食物，叫“古”。“古”是九，“突”即突巴，一种面粥。不知是什么时候开始，古突有了很强的娱乐性和戏剧性。阳西下，女人们开始揉面做面疙，近旁一个小盆内放着一块面团。块面团是用来包裹有各种寓意或者有各种说法的小东西的：石子、辣、木炭、陶片、磁片、羊毛等等。裹完这些小东西，剩下的面团用来太阳、月亮、经书等等一些有讲究形状。傍晚，这些小面团和面疙瘩起倒入牛肉或羊肉汤内煮沸。

父母在，就有子女们要回去的家。里的妈妈，在给每个家庭成员盛面，不会忘记给大伙儿的碗里舀一两面团。大家一面吃着面，一面把碗的面团放在桌子上。吃面一定要吃碗。如果没饱，可吃三四碗，但无吃几碗，最后一定得剩点汤底儿。大伙儿吃完面，便开始依次序打开子上的面团。打开每一个面团，都有一种说法。假如打开的是辣椒，就表示这个人心直口快；如果打开的是木炭，大家就会说这个人心肠不好；如果碗里有太阳、月亮等图形的面团，那是非常好的寓意，大家都会为此举杯祝贺。虽然木炭的意思是黑心，但拿到木炭的人也会热热闹闹地一起喝酒。

对于大人来讲，这样的场面是一次无拘无束的嬉戏。但对于孩子们来讲，这可是个紧张的时候，他们深深地害怕拿到那些有着不好说法的面团。所以到了最后，常常会有这样的场面，大人的笑声和孩子们的哭声掺杂在一起，但最终快乐的情绪会感染所有的家庭成员。

○廿九之火，驱除不祥

热闹的笑声虽然不停，但是大家不会忘记这一天最为重要的习俗，那就是每家每户要进行的驱鬼仪式。既不需要借助僧人的力量，也不需要借助经文的指导，驱鬼是一种非常程式化的仪式。

腊月廿九那天，家家户户除了做面疙瘩吃古突之外，还会准备一个破损的陶罐放置在院内。然后把干芦枝切成一掌长度，在陶罐内堆叠成一个非常小型的九层的“井”字图案。再用糌粑团捏塑成一个类似马的动物和一个类似人形、脸部被涂成黑色

卡赛开年

卡赛（炸面果子）是一种用酥油和白面做成的油炸点心，所谓"卡赛飘香新年到"，卡赛是藏历新年必备美食。虽然现在很多人都到市场购买卡赛，但依传统，大家一起做卡赛才是过年的开始。

摄＿觉果

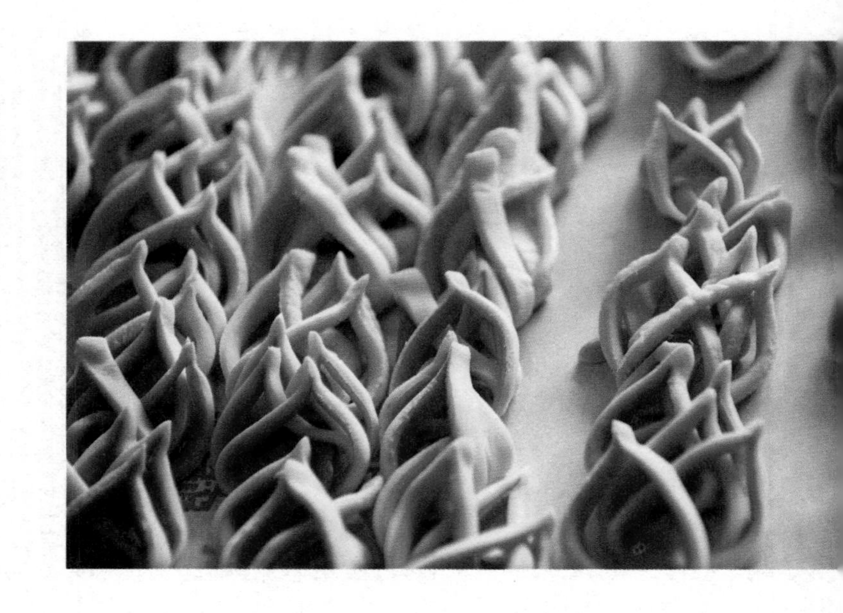

的"鬼"，让"鬼"骑在"马"背上，最后把"鬼"和"马"一同搁在"井"字图案上，"鬼"的脸部一定要朝向门外。

每个人吃完古突后，端着自己吃剩的汤底儿来到陶罐旁，口数九次，把汤底儿倒在"鬼"的身上。这时，家里的妈妈也会拿来早已备好的酒糟和青稞，以及过滤后的茶叶汁，也一边口数九次，一边倒在"鬼"的身上。然后，每个家庭成员都会在手里抓着一把糌粑团，用这只握拳的手从头部到脚底依次敲打身体，嘴里念念有词："把一年中的病、痛、坎、灾统统带走吧"，最后对着糌粑团"呸"的一声，把它扔在陶罐里。这时，"鬼"已经被赋予了生命，

并且背负了这个家庭的不顺利。
家相信，"鬼"的被驱赶，会给
庭带来美好的希望。

紧接着要做的仪式，便是惊心动魄
"驱鬼"。

驱鬼的人，是每个家庭里相对身强壮的男女成员，分工是一人手里拿点了火的麦穗，一人端着陶罐，后还跟着几个助威者。他们在麦穗火的指引下，从一个房间跑到另一个间，嘴里大喊着"鬼，出来吧"，后冲出院子。"驱鬼"的喊声、鞭声不仅打破夜晚的寂静，也成为邻间传递的"驱鬼"信号。像商量好似的，几乎同一时间，大家争先恐地把自家的"鬼"赶出家门。"

”的人们向着最近的十字路口或丁路口奔去，把着了火的麦穗和陶罐扔到路口。来自各家的人们欢呼、跃，火光冉冉升起，一年的“鬼”就此被成功地驱赶了。

戏还没有结束。当“驱鬼”者跑出门后，留在家里的成员立刻把家门上并上闩，然后大家回到客厅依长坐下，小辈开始给长辈敬酒。没多，外面渐渐传来笑声和嘈杂声，咚咚、咚咚”，是“驱鬼”者回来。家中饮酒嬉乐的成员，便会聚集门口，其中一位向门外问话。

你们从哪里来？”
我们从远处来。”
你们到此干什么？”
我们路过这里，借宿一晚。”
你们有什么条件住到这里？”
我们从远处带来了吉祥的白石，如你们有不祥的黑石，我们可以对。”
………

这样一问一答，最终从门缝中交换石、黑石之后，门便会为“驱鬼”打开。“驱鬼”者进家门时还会得“三口一杯”的嘉奖，即喝一口添次，再喝一口再添一次，等喝了三添了三次之后，干完整杯。

些实在不喝酒的人，只要在杯中酒用无名指弹三下即可，其寓意是向、法、僧三宝敬供。

○藏汉全席，欢笑满家园

在西藏，家宴有种说法：“汉食十八种，藏食十六种。”“汉餐”是一种在川菜的基础上藏化的菜种。过去，只有在用汉餐待客时才会把蔬菜摆在桌面上，并食用一些水产品。“藏餐”是属于藏族自己的菜肴，以荤菜为主：烤羊肉、烤羊头、灌羊肠、灌羊肝、萝卜炖羊肉块、煮牛肉、煎牛肉、咖喱牛肉、牛肉包子、清蒸牛舌、风干牛肉……不过为了搭配和点缀，也会增加一些蔬菜，如青辣椒、西红柿、芹菜、洋葱、萝卜和土豆。

传统的丰盛菜肴是有一定要求的。如“嘎初碟西”，用六个固定大小的瓷碗和四个固定大小的瓷碟，六个瓷碗是热菜，四个碟子是凉菜。比这个规格更高的是“嘎杰碟初”，用八个瓷碗和六个瓷碟，八个瓷碗是热菜，六个碟子是凉菜。

设宴是大年初二开始的互访聚会中不可缺的内容，聚餐有午餐和晚餐。游戏和饮品成为当天消磨时间的最主要内容。主人一边向客人劝吃，一边用小瓷碗熟练地给客人们添饭。整个吃饭的过程是在主人的无限殷勤和客人的极度赞美以及假意推辞中进行的。

无论如何，节日最终把信仰变得轻松，把社交变得随意，把笑声变得浪漫，把故事变得美妙。

新年之前的美化厨房是藏族主妇最花心思的事情。装饰的吉祥图案中不能缺了“卐”图。美化完毕，主妇们还要手抓一点青稞向灶具抛撒，以求食物丰富、口福多多。摄 _ 阿旺洛桑

民族新年，风味诱人

文/高竞闻 等

摄_曹大

摄 _ 沈桥

疆本土的菜肴美妙无比。它们拥有维吾尔族等民族特色，以羊肉和面食为主，广泛运用皮牙子（洋
）和孜然这两种调味品……尤其是新疆各民族同胞的节日美食，妙不可言。
疆有两种包子就很特别——薄皮包子和烤包子，前者像白净文弱的书生，后者像身着铠甲的武士。
皮包子维吾尔语称“皮提曼塔”，是用死面皮包着羊肉、皮牙子、黑胡椒面、精盐和成的馅，再蒸制
戏的面食。薄皮包子色白油亮、皮薄如纸，可以和馕、抓饭一起吃，也可以撒上胡椒粉单独享用。
包子维吾尔语叫“撒木萨”，馅料和薄皮包子基本一致，包的时候折成方形，不同于薄皮包子顶部带
皱的圆形。烤包子贴在馕坑里烤成，故表面金黄，底部酥脆，咬起来又油又香。

摄 _ 赖宇宁

摄 _ 沈桥

新疆牧民喜欢自制各式奶制品和点心，毡包里阳光温暖，丰盛的聚会马上开始。摄＿范菁

拉祜族的名称中，“拉”代表手拉着手的团结，“祜”代表幸福。

每年 1 月 1 日至 3 日，是云南拉祜族的春节——扩塔节。其间，拉祜族要在寨场上举行丰盛的团年饭
妇女和儿童在各自家中提前吃好饭，然后每家每户抬上藤编的小篾桌，把自家最丰盛的菜都端到寨场
供男人们享用。

桌上的饭菜基本上是四菜一汤，还有酒精含量高达 56% 的苞谷酒。团年饭是要轮着吃的。当你刚
这桌上吃得起劲时，一声“转”的号令，就要转往下一桌。文、摄 _ 李志雄

以神秘的东巴象形文字闻名的纳西族，本民族的新年一般是农历二月初八，但近年来纳西族也跟汉族一起过春节。香肠、腊肉、银子，还有酒，这家人的年货备得好足。摄＿李志雄

招財進寶

云南省大理白族自治州双廊镇。乳扇是云南特产，为大理白族人民的风味食品，白族新年自然少不了它。摄_李志雄

镜头里的远方

摄｜赵礼威 李勇

· 布里亚特包子，草原与冰雪的味道

· 乌日木，蒙古族『白食』之魁首

· 羊肉腊八粥，你能听到，年的前奏

· 酿菜，在远方，思念远方

· 豆面，风沙里怒放的力量

· 红蟳米糕，艳光四射在台南

· 榛子，噼啪，为你，千千万万遍

榛子，噼啪，为你，千千万万遍

文／何是非　拍摄地／辽宁省铁岭市李千户镇马侍郎桥村
制作者／金立业　郭宏杰　金维帅

榛子被称为坚果之王，其果仁中富含的不饱和脂肪酸及可溶解的风味物质，构成了榛果特有的香气和口感。辽宁省铁岭市铁岭县的低山丘陵地带，遍布村民们精心养护的野生平榛。

平榛原产我国，属于丛生灌木。每年8月下旬，附近县城的村民几乎全员出动，进山采收榛子。分次采摘回的果实，去掉种皮后，晾晒脱水，卖给坚果行或是储存至冬天作为年货。

榛农们将晾晒过后的榛子在水中浸泡半小时，取出平铺在地面上。两三个小时后，榛子表面开始出现裂痕，并伴随噼噼啪啪的声响。这是利用榛子果壳的特性使坚硬的榛果主动开口，吐露“真相”。在采收季节，夜里常能听到榛子热闹的“悄悄话”。有时榛果因为开裂力道过猛，甚至会从地面一跃而起，弹跳寸余高。

李千户镇马侍郎桥村的村民相信，传统的铁锅炒制更容易保持榛子的香味。用榛子秆作燃料，高温翻炒半小时左右，等到榛子仁心泛黄、沁出油香，正是恰到好处。在东北漫长的冬季，一把榛子是农闲时最好的零食。农历春节，榛农家还会拿出宝贵的果仁榨成榛子酱，拌凉菜、煮火锅。热气蒸腾的年夜饭，有了榛子浓郁的油润甘香，更显得富足而丰盛。

豆面，风沙里怒放的力量

文／邓洁 拍摄地／陕西省榆林市吴堡县 制作者／王秀

在西北一带，豆面一般指用豌豆面按比例混入白面后得到的面粉。豌豆面缺乏黏性，难以上劲；而在白面欠缺的年代，人们曾用另一种植物的粉作为黏合剂，那就是沙蒿。

沙蒿是一种生长于海拔3 000米左右的干河谷、河岸及森林、路旁的植物群落的伴生种。常作为牛羊等的冬季饲料，具备很好的保持水土和固沙效果。我国西北地区很早就有利用沙蒿籽做面条的习惯。沙蒿籽中所提取的沙蒿胶作为一种天然植物胶，能够在水中形成强韧的凝胶，而且耐酸碱，性质十分稳定。

豆面和白面里加入少许沙蒿面，面皮就可以擀得又大又薄。就算反复折叠，压力也会被平均分散，不会破裂。如何把面皮擀得薄而不破，手感很重要。手艺好的主妇，可以擀出一张炕那么大的面皮，薄得可以透出人影。把擀好的面皮折叠起来，切成宽1厘米的面条，再撒一把豌豆面使其干燥，面条根根分离，用力在案板上弹几下都不会断。

炒好荤素搭配的面卤，浇上辣椒油、扎蒙（即碱韭的花序）油，面条清爽劲道，散发出浓郁的豌豆香气。

羊肉腊八粥，你能听到，年的前奏

文/李勇　拍摄地/甘肃省庆阳市环县　制作者/慕秀梅

为了过一个好年，人们一年都在准备。农历腊月初八的腊八节是年节的前奏曲。学者萧放在著作《春节》中记录了华北民间一段歌谣："老婆老婆你莫馋，过了腊八就是年。"腊八这天人们要吃应节令的腊八粥，腊八粥因此又有"报信儿的腊八粥"之说——报告年到了！

大多数地区的腊八粥以甜口为主，也有一些地方，如湖北、青海、甘肃，有咸味的肉腊八粥。甘肃环县位于毛乌素沙漠与黄土高原的交汇地带，气候凉爽、干旱少雨，特殊的土壤和气候使得环县盛产荞麦、糜子、谷子、洋芋、燕麦等小杂粮，被称为"中国小杂粮之乡"。

以小杂粮为主的环县羊肉腊八粥也别有一番风味。制作时，首先将黄米、绿豆、红豆等加水熬粥；羊肉、萝卜、土豆和豆腐爆炒成臊子；和荞麦面团，捏成麻雀头的形状；再将羊肉臊子、荞麦面一同加入黄米绿豆粥内，小火熬煮。食用前，首先要贡献给诸位神明，口中还要念念有词，说明愿望。
喂给门神："我给你喂腊八，你给我挡怕怕。"
喂给果树："我给你喂腊八，你给我结疙瘩（果子）。"
喂给土地："我给你喂腊八，你给我长庄稼。"
喂给石碾："我给你喂腊八，你给我出雪花（荞麦面）。"
…………

布里亚特包子，草原与冰雪的味道

文／何是非　拍摄地／内蒙古自治区呼伦贝尔市鄂温克旗　制作者／敖能 达西玛

冬季零下30多度的草原，是天然的冷库。

水草丰美的呼伦贝尔草原，布里亚特蒙古族人制作的羊肉包子远近闻名。要说起布里亚特包子美味的秘密，当地牧民一定会骄傲地夸赞自家的羊肉。农历春节前，牧民们杀牛宰羊，把剔骨的肉块装进羊肚，埋入帐篷外没膝的大雪中储存。

临近年关的时候，人们将羊肉、羊内脏和野韭菜混合，用牧民特有的双刀交叉对切的手法，切成细馅儿，包成韭叶形褶边的布里亚特包子。包子顶部留有小口，加热时蒸汽从顶端进入，形成鲜美的汤汁。野韭菜的辛辣柔化了羊肉的肥厚，更消解了可能出现的腥膻味道。

乌日木，蒙古族『白食』之魁首

文／何是非　拍摄地／内蒙古自治区呼伦贝尔市鄂温克旗　制作者／达西玛

布里亚特蒙古族将面食和奶制品等称为“白食”，肉制品则称为“红食”。每逢过年，牧民们会用果酱、奶制品等白食制作乌日木、炸果子、千层糕、奶酪片，在大圆盘里堆成小山，再撒上糖块，迎接来串门拜年的亲友。每座“小山”顶端，如同祥云一般的紫褐色果酱制品，就是布里亚特蒙古族特有的乌日木。

每年秋天，草原上河流两岸的低地结满野果。主妇和孩子们结伴到河边采集稠李子和山丁子，为制作各式白食做准备。首先在大铁锅里倒入鲜牛奶，反复熬煮后撇出奶油。然后在单独加热的锅里放入刚熬好的奶干、切成丁的列巴和果子等面食、洗净捣碎的野果、煮熟的米饭，还有葡萄干、蓝莓、白糖和奶酪，搅拌煮熟。一大锅乌日木做成，可以储存一冬。

红蟳米糕，艳光四射在台南

文/邓洁　拍摄地/台湾省台南市　制作者/廖家庆

台南的重要节庆和红白喜事宴席上，少不了一道特别“吸睛”的菜——红蟳（xún）米糕。一笼屉米糕上覆盖一只艳红夺目的蟳，任是桌上有再好的菜，也暗淡了几分。

红蟳，即青蟹，最招人喜欢的红膏是青蟹的性腺、副性腺、肝脏和胰腺。这部分成熟肥厚、蒸出来的蟹膏呈艳丽的深橘红色，卖相才好看。因此挑选的时候，懂行的厨师会拿到灯光下照一照，能透光的说明蟹膏未满。整个闽南一带，都视红蟳为滋补珍品，认为它有助于少年发育、产妇恢复，对中年秃头、老人眼浊、畏寒怕冷等，简直到了疗效神奇的地步。这也从另一个侧面说明了闽南人对它的喜爱程度。

米糕类似油饭。用长糯米蒸到半熟，将炒制好的五花肉丝、香菇丝、鱿鱼丝、海米与糯米饭一起拌匀，最后一定要撒上红葱酥。红葱头个小，辛辣味重，炸成酥，是台菜中非常常用的调味品。

拌好的米糕装进笼屉，上面摆上一只清理干净并切块的红蟳，送入蒸笼，待红蟳熟透即可上桌。蒸煮的火候要控制精准，红蟳才会膏黄饱满，色泽艳丽；米糕才会不紧不松，同时又吸收了蟹黄蟹膏的馥郁。

红蟳米糕带着喜气洋洋的表情上桌，它总是那一道能掀起宴席高潮的美味。

酿菜，在远方，思念远方

文／邓洁 拍摄地／广西壮族自治区桂林市平乐县 制作者／廖财富 廖能欢 罗丽 黄桂英 李桥秀 廖燕平 黄科娟 何小平 欧水妹

“酿”是在一种原料中夹、塞、包进另一种或几种其他原料，然后加热成菜的方法，一菜可品两种原料的味道。酿菜在客家人的饮食中尤为常见，各地区菜系中也并不少见。据说，酿菜的发明源自客家人对饺子及中原故乡的思念。在广西平乐民间，家家户户都有春节制酿菜的习惯，在主妇们的巧手下，几乎无菜不可酿、无菜不可入酿。平乐酿菜更有田螺酿、柚皮酿、蒜酿、菜包酿等别处少见的独特菜式。

水质清澈的小溪中，田螺也洁净鲜美。取出螺肉，与猪肉、荸荠一同剁碎，放一把新鲜薄荷叶去腥。妇女们一起动手，把制成的螺肉馅料再塞回清理干净的螺壳中。再用紫苏叶爆香，加入各种调味料煮。田螺肉本身并无大味，经过这样烹制相当入味。

沙田柚是广西桂林、柳州、容县一带秋冬季节盛产的一种水果。然而平乐人除了吃它脆甜爽口的果肉，还看中它海绵质的果皮是制作酿菜的上好食材。柚子皮切三角，中间劐开一刀，形成一个小三角包。反复氽水，再挤出涩苦的汁水。把馅料塞入三角包内，清汤煨煮。柚皮被煮得绵软，透着柚子的清香。中医认为柚子皮是败火清凉之物，在潮湿闷热的广西，这是一道非常受欢迎的菜。

春节期间，人们总是竭尽所能地用食物来表达丰裕富足，而酿菜更像是一种藏富的姿态，把肉都塞进蔬菜里。这或许体现了中国人独特的含蓄吧。

无论多远，你需要相信，
总有一种味道会像子宫一样，
无条件地接纳你……

甜·蜜

甜味宇宙的涟漪

文／般罗毕

○甜不辣

"宇宙就是涟漪。"

我的朋友庞培一边翻着菜单，一边感慨。

他继续翻菜单，宇宙继续往外扩散，像菜单一样走向耗尽的终点。"所有的一切都在往外扩散，离你远去啊，包括时间……所有的时间都是失去的时间啊，哪有什么得到的时间……糖醋小排，这个一定要的，再来一个酒酿圆子，居然没有？一家饭店，怎么可以没有酒酿圆子呢？真是堕落……"

庞培，身处江阴，距离上海和苏州都在一个半小时车程之内，属于全国最好甜口的吴语区。但即使在江阴、上海，能做出正宗地道酒酿圆子的餐馆也正日益稀少，犹如秋后梧桐树上零落的叶子，一不小心，就一片都找不见了。事实上，在大众点评网上海站，你搜索任意一款上海传统甜食，跳出的搜索结果都不是"大数据"，而是小数据：八宝饭——78条，条头糕——62条，最经典的酒酿圆子——471条。而随意输入一个麻辣烫，这种原先上海人最怕的重口味，结果是——2 532条。

显然，甜正在不断从餐桌上退却，即使在嗜甜口味的核心基地——吴语区。在传统嗜甜口味区域，取而代之的居然是辣。辣对于各地传统口味的替代与征服，不单是在吴语区，也是在整个中国。

甜与辣，不单是两种餐桌口味，更是两种截然相反的节奏和态度。当我们听到"You are so hot"（你很辣）时，这基本就是一个夜店约炮或海滩骚扰模式。但是一句"My

weetie”（我的甜心），那就别提
有多甜了，典型的秀恩爱与美好家
庭模式。在汉语中，“找个辣妹”和
“甜蜜蜜”的区别也是显而易见的。
这里面的时间和节奏的区别，是一夜
与一生一世的区别。

作为成年人，会有各种口味嗜好：好
麻辣的，喜欢咸的，嗜好酸爽的，享
受臭豆腐之类无臭不欢的……但所有
这些口味，几乎都是后天刺激养成
的。给一个婴儿或学龄前幼童任何刺
激性口味，无论是辣还是酸，抑或是
臭味鲜味，他（或她）必定避之唯恐
不及。但是全世界的儿童，无论任何
文化背景或生活环境，喜欢吃糖果，
有点甜头就凑上去，则是本能。

甜是一种原初性的味道，每个人诞生
最初所最亲近的口感——最为接近
母乳的触感。母乳中含量最多的不是
蛋白质和脂肪，而是碳水化合物——
乳糖。人乳中的乳糖含量为百毫升
.5~7.0克，是出生后6个月内婴儿热
能的主要来源；蛋白质含量为百毫升
.1~1.3克，仅为乳糖含量的1/6左右。

为什么人生最初的几年会如此好甜，
肆无忌惮地大吃甜食？其中除了婴幼
儿不需要考虑身材之外，还有着一个
更为基础的背景，那就是甜食——无
论是淀粉或糖类，都是最容易被身体
转化为能量的材料。如果是一堆蛋白
质或纤维，变成血液里的葡萄糖可需
要好几个环节和不短的时间呢。

○甜很慢

从能量上来说，甜是一种最直接的热
量保证。但是从口感来说，甜往往又
意味着一种缓慢绵长的节奏。

当下君临天下的辣，其实是一枚口腔
刺激快捷键。它甚至不是味觉，而是
一种类似触觉的感觉。会让人觉得辣
的是辣椒素，它直接刺激口腔黏膜
和三叉神经，在人体引起一种被烧灼
的疼痛感，与纯粹依靠味蕾来转换刺
激信号的甜有着根本的区别。甜很
“慢”。比如庞培印象中最初品尝到
的甜，是来自东亚地区最基本的主
食——米饭。

被家长架在饭桌上闹脾气的小男孩，
一口米饭含在嘴里半天不咽，最后一
股甜津津的味道从舌底升起。在这个
时刻，你活生生见证了一个物质转化
的奇迹，米粒中的淀粉被唾液里的酶
分解成了葡萄糖。含在嘴里的米饭，
没有被咀嚼成一团混沌的食物，而
成为颗粒鲜明的米粒。这种享受着个
体待遇的米粒在吴语中有个专门的称
呼——饭米扇。

在中国最核心的甜味区，这甜绝不是
简单直接的蔗糖甜，而是与水稻种植
区的主要能量来源——米，裹挟在一
处。所谓的“糕里来，团里去”：条
头糕、重阳糕、桂花红豆糕、青团、
粢饭团、双酿团、粢毛团、金团、百
果蜜糕、赤豆糕、枣泥糕、素糖糕、

河南省安阳市。过年就是一边逛街一边吃“糖画”。摄＿王子瑞

甜在心底
陕西省渭南市大荔县羌白镇阿寿村。这里的人们过年必须赛面花、拜药王。无论直接制作和食用糖瓜、糖块、糖稀，还是将可转化出甜味的淀粉主食钻研加工到极致，制作面花、麻花、糍粑、发糕，都是源自我们心底对甜的追求。
摄＿冉玉杰

丰糕、梅花糕、百果松糕……所有些，就是水稻区人民变着法儿把米扇组成各种不同的团来吃，并在中加入了各种水果或豆类（包括红沙）。

甜在变

了米团的包裹，这甜味有时直接以米一饭”的形式出现。八宝饭是唯一道在吴语区年夜饭餐桌上必须出的传统甜食，甚至是压轴的一盘，使在甜口味全面式微的今天。

八宝饭的口感早已不是20世纪80代中期之前的那种老味道，其中的本性问题在于猪油。真正的甜，从都不是一种单一的味道，它来自糯、水果、豆沙，而将这些食材裹挟天衣无缝的是猪油。

传统的“八宝”，是指圆糯米、红豆沙、红枣、莲子、葡萄干、核桃仁、瓜子仁和枸杞。将这各路材料团结在一起的黏合与分寸，全在猪油。但现在吃猪油，已经成了一种罕见的亚文化和人生态度。绝大部分人面对猪油，如同面对体检表上的“三高”。没有猪油的八宝饭，就成了一盘散沙，干瘪无味。

来自台湾的鲜芋仙，来自西方的马卡龙、甜甜圈、泡芙，事实上替代了传统甜食，在给我们一点小甜头的同时，似乎又显得更为轻盈和没有负担。毕竟，几颗芋头，一个面包圈上的一层糖霜，总比猪油包着的糯米豆沙和各种水果给人的压力小多了。

在这种轻盈化的转移中，原先那种丰盈甜蜜的包裹感也在衰退简化。甜味宇宙的涟漪层层扩散，离我们远去。

山东省济宁市曲阜市。当地人认为，蒸花糕祈福的春节才像样子。摄 _ 刘有志

老北京点心是个什么味儿

文/郭亦城

在老北京人心里，“点心匣子”是登门拜访亲友的必备之礼，特别在隆重的春节档。

花式的点心用纸盒装上，盖上红纸，再拿麻绳纵横一勒——老北京人都好个“面儿”，而它恰好“有礼有面”。

○说北京点心，绕不开饽饽

糕点铺在清代的直隶一带，也叫“饽饽铺”。饽饽就是满语中的点心茶食，“香饽饽”一词就是这么衍生出来的。

这些饽饽铺大多以某某斋来命名，比如当时有名的大栅栏聚庆斋、东四八条的瑞芳斋，都以售卖满族糕点为主：萨其马、巴拉饼……

至于饽饽铺后来为何在京城变得不显山不露水，甚至不得不对品类大加
良，吸纳别家所长，跟老北京饮食
流变大有关系。

所谓的老北京饮食，大抵是指清中
到民国而言。

作为首府的北京城，在饮食上少有
立，多是汇聚。打个比方，就拿大
和小吃来说，八大菜系里没有京菜，
当年驰名全城的“八大楼”有多一
是鲁菜，剩下的则属湘菜、粤菜；
所谓的“北京小吃”，主体是回
小吃。

这些更容易被汉人味蕾所接纳的
味，渐成京城饮食主流，哪怕是清
的宫廷菜，也不得不在满族菜肴中
入它们。点心自然也是如此。给满
饽饽造成巨大冲击的，正是如今最
为人知的北京风物——南味糕点“
香村”。

稻香村北徙

香村始自苏州，是一位姓陈的青盐老板所创。青盐店是苏州一带专门营糕饵、蜜饯和腌制小菜的店铺。起这“稻香”二字，“一洼春韭，十里稻花香”“稻花香里说丰”，好寓意一大堆，然而事实上，名字来得很朴实。

传，这家青盐店原本叫“陈记”。一日黄昏，陈老板在打烊时收留了一个老乞丐，给了他一卷稻草做被。等到第二天老乞丐走后，陈老就拿这卷稻草烧火，继续做他的“姑苏饼”，谁知异香扑鼻，生意越越好，所以他就将店改名叫“稻香村”。

苏州的稻香村开在老观前街上，生意特别红火。光绪二十年（1894）春，有个叫郭玉生的金陵人，挖来几个稻香村的伙计，决定北上京城淘金，在前门大栅栏的观音寺街，也开了一家稻香村，第一次把苏式点心推介给北京人。或许连他自己都不会想到，这个南味糕点铺，竟成了日后京城最知名的点心铺。

O苏式点心的胜利

苏式点心的特点是重油重糖，花样繁多，在气候干燥的北京，存放数天仍不变干。当年稻香村主打的冬瓜饼、姑苏饼和猪油夹沙蒸蛋糕等，一在京城露面，就立刻吸引了人们的味蕾，稻香村的生意也一日较一日红火。这使得饽饽铺大受冲击，除了几家老字号的萨其马、自来红、自来白，但凡是场面上送礼，谁不奔稻香村去！

苏式糕点在制作中，很少用到满族点心常用的奶油，更符合汉族人的口味。同时，用料考究也是它制胜的关键：核桃仁必须是山西临汾、孝义或定襄的；玫瑰花必须是山东定陶或北京妙峰山的，而且还得是太阳未出前，带着露水采摘的；椰蓉只要海南岛的；火腿指定了金华火腿中的“蒋腿”；松子仁得是吉林的；黑芝麻要江西乐平的。

传世字号似乎都会恪守着自己的用料原则，跟那些百年药铺的“修合无人见，存心有天知”是一个道理，是最朴实的顾客至上。

稻香村直到今天，仍以前店后厂、自产自销为主，相当于“大作坊”的商业模式，而这在当时的糕点铺里，属于超前的异类。怎奈随着稻香村的行情水涨船高，那些饽饽铺也不得不开始效仿，陆续做起了苏式点心的买卖。于是乎，饽饽铺里也有苏氏点心，稻香村里也卖饽饽。这，也就是如今稻香村里能见到山南海北各式点心，甚至西式蛋糕的肇始。而要究其原因，大抵必须和北京城的开放包容精神联系到一起。

山楂锅盔
黑麻

北京人都乐意接受这样的“融会贯”，“混血”的京二代、京三代们不必说。

那时的“山寨”，扳倒正宗

“山寨”一词虽新，但这类行为自古有，当然另起炉灶重开张的，也并一定就叫山寨，特别是那些已经成“百年老店”的。

1895年到1915年，这段时间算是稻香村的黄金二十年，最起码在糕点，它是打遍京城无敌手的。不过就在它鼎盛之时，稻香村的两个股东带着几个伙计出走了，而且竟然坏了“一街不开二店” 的糕点界行规，就在稻香村对面，开起了一个几乎一模一样的点心铺“桂香村”。而后没几年，又有一个稻香村的大伙计，仗着自己学到的手艺和掌握的人脉，也自己单干了，在老东安市场开了个“稻香春”。

那个时候没什么知识产权保护，做糕点也没什么特别的秘方，所以这几家南味糕点铺的产品，口味上都差不多，很难有孰优孰劣之分。随后，南味糕点铺在京城到处开花，甚至天津、保定、大同等地，也都有了以模糊化“稻香村”来起名的点心铺。

在这种激烈的竞争下，正牌的稻香村竟败下阵来，在1925年前后关门歇业了。如今街头巷尾打着大红招牌的“稻香村”，其实是20世纪80年代才开始复兴的。

○大八件？小八件？京八件！

稻香村严格来说，其实该叫南味食品店。因为它还售卖自己生产的肉脯、酱菜、熟食和糖果，赶上时令，还有元宵、粽子和月饼等，只不过它的糕点太过出名，给人造成了错觉。而说起稻香村的糕点，其中的中式糕点，主要分南北两派。

南派就是苏式糕点那些，椒盐饼、牛舌饼、火腿酥等。北派则是萨其马、自来红、自来白之类。这些点心既然都摆在一块儿卖，也就逐渐被人优化组合，匹配出了最受欢迎的新套路——“八件”。八件的意思就是八样点心，每种一枚、合在一起正好是一斤的，就叫“大八件”，合在一起是半斤的，就叫“小八件”。所以说，大八件和小八件绝不是点心大小号的区别，而是两套不同的体系。而它们也是稻香村的点心里售卖量最大，也最知名的品类，人们统称其为“京八件”。

大八件说起来，分为“上四样”和“下四样”，分别是福、禄、寿、喜四字饼，以及太师饼、椒盐饼、枣花酥和萨其马。按照老配方，上四样中的福字饼、喜字饼是白糖、蜂蜜

苏式的京味

不只点心，今天人们使用传统、中国、民族、华夏等词汇的时候，多有些想当然的成分。比如若细究起“京味”一词，里面便大有学问。单就点心而言，如今的京味，其很大成分上是苏式细点之味。

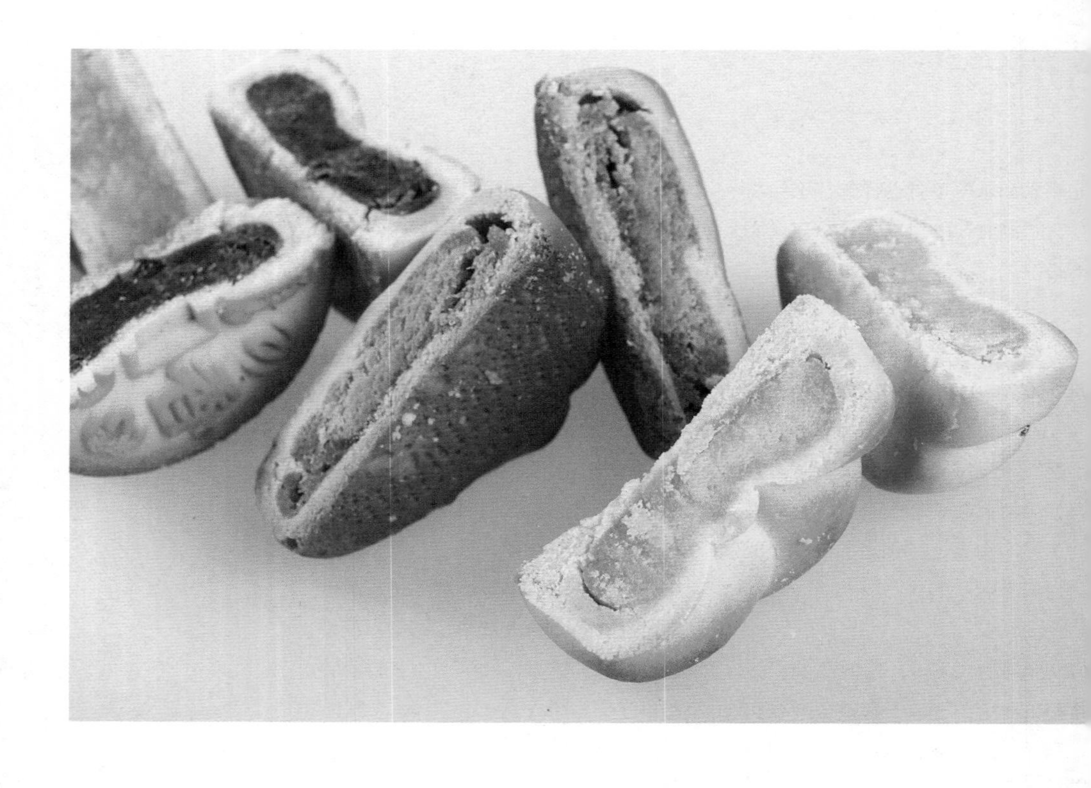

北京壳子南方芯
一百多年前，是北京点心大变革的时代，也是南味进京的红火时代。肉松饼、枣泥麻饼、樟茶鸭、寸金糖……交融与学习中，新的传统与地方风物诞生了。
摄 _ 陈光荣

馅的，寿字饼加了玫瑰花瓣，禄字饼则是山楂馅做的。不过到了今天，为了应对人们挑剔的口感，避免口味重复，福字饼改成了莲蓉馅，禄字饼换成了柿子馅，寿字饼是豆沙馅，喜字饼则是南瓜馅的。而下四样，除了太师饼的馅从鸡油肉蓉改成了椒盐，其他都没有什么变化。

小八件讲究的是小巧精致，所以它们都是做成不同形状的饼。有的版本是桃、杏、石榴、苹果、核桃、柿子、橘子和枣这八种干鲜果品形状，有则是做成祥云、如意、佛手等带美寓意的形状。如今的小八件，是糖瑰混豆沙馅的福字饼、桂花山楂馅禄字饼、板栗馅的寿字饼、椒盐黑麻馅的喜字饼、冬瓜馅的佛手酥、仁馅的如意酥、核桃枣泥馅的枣花和芸豆馅的祥云酥。

而要究其味道源流，则是以苏式为础，与时俱进，博采众长，难以分清楚了。

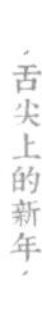

摄 _ 罗伟

恭喜发财，年饼拿来

文/戴莹

我的家乡是湖南湘阴，从小我就经常在附近的乡下过年。我以为，“送恭喜”是放之中国而皆准的习俗。直到离乡背井，与几位北方的朋友聊起童年送恭喜的趣事，看到他们瞪大的双眼，才明白那是我的湘北老家所独有的过年习俗。

那桩趣事，不仅被我，也常常被父母和亲戚们反复提及，讲完后总会爆出一串串的欢笑声。

六岁时，妈妈带我去乡下的外婆家过年。除夕，吃完午饭，二姨拿出两个大棉布口袋，一把抓住还在玩闹的表妹，对她说：“带姐姐去送恭喜！”我一脸茫然，踏着零星的爆竹声，跟在兴高采烈的表妹身后出了门。

每每看到有人家的院落，表妹便快步冲到堂屋门口，用欢快且上扬的语调连声喊道：“恭喜发财！恭喜您老过个热闹年哦！”主人不管是在招呼
人，还是在里屋忙活，都会笑意盈
地走出来，手上捧着几块饼干。表
早早地就抖搂开布袋，顺势接住。

她转身要离开，我才手忙脚乱地打
布袋，结结巴巴地小声嘟哝了一句
“恭……恭喜发财！”大概是因为
生，又或许是看到我的羞涩，主人
度回屋里捧来大把饼干，一股脑儿
丢进我的口袋里。这时，狂喜袭来，
我的心似乎要跳到嗓子眼，正要扭
跟妹妹炫耀，却发现她早走远了。

送恭喜送了二十多户人家，布袋子
渐渐充气的皮球一样鼓起来，装满
各式各样的饼干。在狭窄而泥泞的
埂上，听到背上的饼干发出窸窸窣
摩擦的声响，我心里乐开了花。
妹说，送恭喜得来的饼干和糖果都
“年饼”，村里有个小男孩去年除
跑了十几个村，讨来的年饼够他吃

了。说着说着，表妹停下脚步，弯腰去："姐，我肚子有点痛，要先去了。你的饼干很沉吧，我帮你背去。"还没等我反应过来，表妹拽我肩上的袋子，一溜小跑，不见了影。我两手空空回到家，找不到表，终于反应过来，年饼大概是被她劫"了。

号啕大哭，二姨将我领到里屋，打上锁的柜子，里面有整整一箱子饼，应该都是为"送恭喜"准备的。拿出几块给我吃。与如今琳琅满的饼干比起来，那时的饼干味道很朴——麦香夹杂着胡椒的气息，略。除了这种胡椒饼，讨来的"千家"里，还有一种发饼也很美味。它手掌那么大，咬一口能看到厚实的里遍布蜂窝状的孔洞，表面还撒了层炒香的芝麻。

干并不是送恭喜的标配。据我母亲，她小时候，大约是20世纪60年，家家户户日子都过得紧巴，但除送恭喜却不能省略。小伙伴们往往群结队、打着灯笼去送恭喜。那些家就算不富裕，也不会让她空手而。有的给她一个荸荠，有的给一块炸红薯片，有的只是一把米花，但些都足以让她细细密密地吃好一子。

过，遍翻史料，我却找不到与送恭相关的只字片言。即使是求助于搜功能强大的互联网，也只找到一段名为《送恭喜》的花鼓戏，看来看去，似乎只是年节时的普通祝福。反倒是西方万圣节里"trick or treat"（不给糖，就捣蛋）的习俗，与送恭喜有几分相似，不同的是，前者是为了慰藉恶灵，而后者则是为美好的祝愿。

尽管满足不了自己追根究底的愿望，但这古老而根植民间的习俗，却寄托着游子面朝南方的淡淡乡愁。我给一个老家在湖南益阳的朋友打电话，想问问他是否知道"送恭喜"。他一怔，立刻兴奋地答道："有啊，有啊，我小时候有的，不过我们那叫'送贺喜'，现在早没了。"

是啊，现如今，看春晚、玩手机成了新的春节习俗；下馆子吃年夜饭、走亲戚，以家庭为单位的庆祝看似热闹，却仍旧孤独。那时，穿红戴绿的小孩子走街串巷，在大门口喊的那声"恭喜发财"，才是过年时人们期待的好口彩，预示着未来一年的好运气。而认识或不认识的人们，也在这一声声恭喜、一块块年饼里，变得温暖而熟络起来。那时，多好啊！

白馓弥香，无论荣华何方

文/冯翊明

○流传了四百年的甜炒米香味

农历的腊月二十九，我回到了家乡。家乡玉林在广西东南部，一个有两千多年州郡历史的小城，古称“郁（鬱）林”，想来当年是一片森林茂郁之地。过年前是一个充满快乐和美好的时节，有点冷，又不是很冷，太阳每天暖暖地照着，天地是亮堂堂的。临近过年，大家在忙着准备年货，也到了一年中能够彻底把工作放下，只享受亲情和闲暇的时候。于是，不管熟人还是路人，遇见的脸庞都带着欢颜。

留在家乡的同学仍保有少年时的纯真和热情，一日三餐恨不得把我安排得妥妥帖帖的，我像出征归来的花木兰，被他们领着回顾了城东三弟的牛杂粉、城南曾廿四的牛腩粉、城中极品天香的凉拌粉，还有水井头的肠粉、竹篾行的卷馅粉、垌口的肥婆鱼粉……一片用最短的时间让味道唤醒我的家乡记忆的良苦用心。家乡的
目已经越来越接近于全国大部分的
城市，但是在这些熟悉的味道中，
闭上眼就能将它复原。

阿多尼斯在诗中说：无论你走得
远，都走不出童年的小村庄。每个
出生和童年生长的地方，决定了他
辈子的味觉和情感基因。

春节前的街市上升腾着各种味道，
织在一起喧闹无比。其间最让我感
的，是一股带点甜味的炒米香味，
是小贩在支锅炸白馓（sǎn）。

在玉林，白馓是一种只在大年前后
短一月间才会出现的食物。只从字
看，就是一种白色的米制的食物。
典解释，“馓”是一种油炸食物，
方用麦面为主料，南方用米面为
料；古代呈环钏形，现在细如面条
多为栅形。

馓是玉林最有特色的食物之一。和他地方的馓子不太一样，白馓是糯制成的，形状像一个白色的圆盘，感像炒米，香甜酥脆，但是它的制过程比炒米要复杂很多。玉林民间在明代天启年间就有制作白馓的习，光绪年间的《郁林州志》上详细记载着民间使用白馓祭祖贺年的习：“元旦贺年拜祖祠神庙及族邻尊，早晚祀祖，皆与各处同。凡人家年前预作白馓炒米（米花糖）、糕为新年享祖用并亲戚相馈遗。”

馓上凸起有“福、禄、寿”的吉祥，加之白馓经油炸后会膨发，玉林取其“发达”的吉意。

农历大年的时候，家家户户都少不它，是供奉神祖的必备，也是走亲友时大家相赠的手信（捎给亲友的礼物）。富裕人家的年供还有麻、薄脆、酥角、脆子（粳米条）、团、大笼糍等点心，“各随意好，白馓炒米系通行要品，虽至贫家亦可少”。

管流传了四百多年，并且是家家户必备的年货，但在玉林从来没有一专门生产白馓的工厂，都是手工作。

“骨”成过糖一点红

馓圆大如碟，做起来并不简单。而且不是一次完成的，先要做米坯，当地人称“白馓骨”。

做白馓骨的时间一般选在12月中旬。这个时候，年已将近，南方阴雨连绵的雨季还未到来，赶紧挑选一段连续的阳光晴好的起风天——这需要你懂得从风、云、星等各种自然现象看天气。如果有那么一两天，你感觉自己的手干燥无比，无论怎样涂抹护手霜都还是涩涩的令你心烦，晚上再抬头看看天，满天星斗（估计如今看不到了，听天气预报吧），那就赶紧到市场上去买糯米吧。

到了市场，只要说“我要买白馓糯米”，店家就会知道该卖给你哪一种。其实糯米里并没有“白馓糯米”这个品种，它指的是晚春糯米，黏性比早春糯米大。

为避免糯米流失黏性，不能搓洗，直接用水浸泡糯米十个小时左右。然后架起一口大锅，把装了糯米的“桶凳”（一种木质蒸桶）坐在大锅里，隔水蒸熟糯米。趁热将熟糯米倒在大竹匾上，用“白馓印子”（做白馓的木质模具，用上好的铁力木或菠萝格木制成，刻有“福、禄、寿、喜”等吉祥字样）使之成形，动作就和在海边用模具做沙子螃蟹或沙子饼干是一样。

这时的米是滚烫的，但黏性最佳，所以制作时得忍着热和痛，否则米坯的黏结度差了，容易散形。成形后的白

享祖的馓
广西壮族自治区玉林市。若得几日晴好天气，晾完的白馓便会在圆心处微拱起一个弧度，犹如一只倒扣的筛子。据说这样的弧度才叫正宗本土特色，民间祭祖的白馓也得专挑拱起的才行。
摄 _ 卢河

馓坯拿到太阳底下晾晒。

一两天后，等米坯基本定形，再轻轻翻动晒另一面，此后就得勤快翻动。大约十天后，米坯基本变硬，白馓骨便做好了一半。

接下来的程序是过糖。十斤糯米大概可以做成四十个白馓骨，以一斤半白糖兑三饭碗水的比例调配糖水，加入姜块一起煮开。姜的作用是让糖水去掉腥气。过糖一般选择在中午时分，将晒得发热的白馓骨在滚烫的糖水中一泡，即刻夹起。

过糖之后的步骤是点红，用毛笔或棉签蘸着以白酒调匀的食用花红粉，在白馓骨的吉祥字样当中一点，便可以放到竹匾上继续晾晒。大约再过
天，白馓骨就做好了。

到腊月底，最后一次把白馓骨晒一
去掉水气，就可以把做好的白馓骨
花生油或茶油炸发。当锅中的油升
淡淡的白烟后，逐个放入白馓骨，
候和时间的掌握完全靠经验，“
他，但手熟尔”。控油，待冷却，
可以吃了。油炸过的白馓不会留有
不开的骨，香脆酥化，一吃起来就
不下嘴。

○第二道锣声过后，告白通
祖灵

转眼间，热热闹闹的大年便来到啦。

达的馓

馓色泽润白，透着微
，“嘎嘣”入口，随
“咔咔”的咀嚼声，
股香、脆、甜弥漫口
。这么好吃的白馓，
有着福禄通达、欢
绵延的美意附在上
，难怪玉林人爱它爱
近四百年。

_ 廖源

安照风俗，大年初一是不上别人家里拜年的。初二之后，出嫁的女儿回娘家，就可以随意走动了。初三那日，我跟着同学去她的婆家玩，在离玉林城40公里外的沙田镇沙田村。村里过年的气氛要比城里浓，最令我感觉有趣的是，村里还保留着从除夕到正月十六出年期间，敲锣统一做饭吃饭的风俗。老人说，这个风俗已经流传超过三百年。

临近傍晚，第一道锣声敲响，提醒家家户户开始做饭。暮霭中，炊烟袅袅而起。

第二道锣声过后，各家便端着自家的供祖食物到宗祠进香。整鸡、整鸭、全鱼、一刀切猪肉、扣肉、水果……各家供品不尽相同，但白馓是必不可少的。上香，祭祖，说说自己的心愿，然后带着得到过老祖宗福佑的食物回家吃饭。在农历新年里，这是每一天必不可少的一个仪式。不论是离家外出工作，还是继续留在家乡的人，这样的仪式让他们保有关于渊源、传承和家的感觉。不管漂泊到哪里，荣华在何方，根始终在这一片土地上。

一户户的家里，红红的灯光陆陆续续亮起来了。宗祠里，高烛静静燃烧，檀香白烟袅袅，门楣上“祥开五叶”“鸿祥万福”的字样被久远岁月的风雨侵蚀，变得斑驳。但美好的祈愿会越过岁月的沧桑流传下来，流传下去。

酥角，手作满盆金元宝

文/冯翊明　摄/陈光荣

○自家人的火盆

外子的家来宾市位于广西的中部，北回归线从市辖区的南缘经过。但大多数年份的春节，这里是寒冷的。南方的冷带着浓重的水气，寒到侵骨。

没有人抱怨冷，如果是暖冬，年味儿反而少了。

家里总会生一个火盆，虽然空调和电暖器一应俱全，可是比不得烤火盆好玩。炭火红红的，烧得旺了，火舌一舔一舔，若隐若现。火盆上支一片铁篱，搁上几个发馍、几片红薯片，酥香慢慢散发出来了。

初一照惯例是不上别人家里拜年的，这个时间用来做酥角。

新鲜的手工制作的酥角是年节里拜年最有诚意的手信，做酥角成了婆婆家每年初一的保留项目。吃过午饭，妇表姨舅们喝着茶，聊着天，带着微醺，声音高亮，笑声不停。厨房的灶上坐着一锅酒酿，加了红糖和老姜，婆婆正在剥白煮蛋的壳。我去帮忙搭个手，惭愧着一年到头在外忙碌，太少能回来照料两位老人。

婆婆叮嘱我，带着孩子在外工作生活，要对自己好一些，不要总顾念他们，“人的一辈子不长，如果没过好就是对不住自己”。老人总希望儿女好，只要儿女过顺了，不在意自己的冷清。可是做儿女的如何能放下呢？说着说着，声音有点哽咽，便把这个话题丢开了。

改小火煨着酒酿蛋，婆婆拿出一个大大的铁盆——我知道，这是在准备做酥角的材料了。面粉，白糖，鸡蛋，年前熬好的猪油，炒过并去皮碾碎的花生米。

○邻里间的“礼”

酥角原本是广东最具特色的传统点心，月牙形的酥角，圆圆鼓鼓像个胀满的荷包（钱袋子），彩头好。馅一般是花生、白糖，也有加椰丝的，咬一口，甜甜蜜蜜，自然是年节时上佳的吉庆小食。

婆婆家过年做酥角，总有四十年的历史了。那还是20世纪60年代住平房的时候，从一位老家在广东的邻居那儿学到的。当时的年节食物还不像现在这样丰富，采办年货也不方便，一般都自己做一些像煎堆、兰花根、油炸果这样的米面小食，这些小食油炸后会发大，取个新年大发的好兆头。

那时到了腊月二十五，住在平房里的十多户人家便开始做酥角。酥角不是一家一户自己完成，都是互相帮着，做完一家再轮到下一家。大家互相搭把手，说说笑笑，很快就能做好，倒也不觉得烦累。这是一种从农耕时代流传下来的合作精神，不再是生存的必要，变作一种互相依偎的温暖。

婆婆说，那些年的春节里，家中的酥角总会有十多种，都是各家做好之后，每个邻居家送上一点，是一种礼尚往来，“馅都差不多的，就是一种礼”。小小的行事，里面包含着“礼”。不分巨细，不论贫富，血亲之间，六亲之外，中国人以礼来相交互意。礼是兼修自身，也是替人欢喜。

○铁碾子的温度

时间过去了这么多年，但做酥角所费的工夫是差不多的，唯一比从前省事的是碾花生米。摁一下食物粉碎机的按钮，呼啦啦一分钟了事。但是婆婆总不满意，觉得这样机器碾碎的花生不如人工用铁碾子慢慢碾出来的好。

那个碾子是老物件了，听说是太外婆还是个孩子的时候的用物。铁铸的家伙，碾钵外形像独木舟，中间开一道深深的碾槽，用一根铁杵穿过一块像铁饼一样的东西做碾子。把花生放在钵槽里，碾子来回滚动，花生便碾好了，拌上白砂糖，就是酥角的馅儿。馅料要比实际用到的多预备一些，因为孩子们会忍不住拿勺子舀了放进嘴巴里，啧啧赞叹：“好香啊！”你一口我一口的，一边吃一边叽叽咕咕地笑。

和面时不加一滴水，只打入鸡蛋和猪油，鸡蛋可以让面皮更香软，猪油和的面在油炸的时候更酥松。和面是个力气活，面要多揉几遍才筋道。然后要把面醒上一会儿，这样的皮柔韧性好，包出来的角子油炸的时候糖馅不会流出来，皮色红亮干净。

和好的面要擀得厚薄均匀，然后用小茶杯口一按一转，一块圆圆的面皮就做好了。把馅放在面皮中间，对折捏合，再用拇指一点点掐出花边，角子就做好了。

广东省湛江市东海岛。手工做酥角需要耐心、专心、巧心，一家四五口人干两天，才能做出出三十斤左右的酥角。酥角的皮里添有香油、鸡蛋、少量盐，有人喜欢加点啤酒，认为这样可以让皮更加酥松。制作者伟叔却觉得，这样不正宗。

○大年甜蜜的味道

我刚嫁过去的时候，只会包角子，做出来的酥角捏不出姑姑们那样的波浪花边。二姑姑把着手教，做多几次，就成形了。每次酥角炸好后，大家从花边就可以看出是谁做的。二姑姑做的花边均匀细巧，小姑姑做的花边阔大，我做出来的花边总是胖胖鼓鼓的，大家就会笑：“有福气哦。”

现在有一种酥角模子，两边开合，把皮摆好，填入糖馅，一合起来就可以了。方便确是方便了，可没有温度。做完酥角后余下的边角料切成小块可以做蛋馓，即在每一片的中间用刀子划开个小口，两边的面皮往里翻一层再翻一层，扭成麻花的样子。

无论酥角还是蛋馓，最后的卖相要靠油炸的功夫。酥角炸好冷却后，会变成好看的金黄色，黄中透出漂亮的红，既好看，又香甜酥脆。盛在盆里，像满盆的金元宝，大家笑道：“喜气洋洋，来年盆满钵满啊。”

这时，婆婆会端上刚撤火的甜酒鸡蛋汤圆。酒酿是婆婆在年前特意做好的，用最好的大糯，软香糯甜，煨了一个晚上的鸡蛋能喷出香，黑芝麻和花生馅带着油花拖着蜜甜溢出来。每一年，喝着这碗甜酒鸡蛋汤圆，吃着亲手做的酥角，才算是尝尽了大年甜蜜的味道。脑子里响起不知从哪听来的歌：“岭上春花，红白蕊；欢喜春天，放心开。”

冬天的阳光薄薄淡淡地照进来，照在一家人的笑脸上。今朝风日好，我们平安如江河。

馅料里的花生和芝麻都要先在锅里炒一遍。因着地利，伟叔的酥角里会加入椰子肉。油炸也有诀窍，需随时翻动，整个酥角才均匀好看。这位余思妤小姑娘才两岁，却已经是酥角的忠实拥趸了。

手工捏成的酥角花边，形状参差，却最是家乡的味道。

亲手带来广式的甜

文／李汇群

○这寄回来的，还能叫手信吗？

青青小时候很爱吃甜食。

每到过年时，她最开心的就是能吃到在广州工作的姐姐带回家的广式手信，各种各样的小饼干、小糕点，精巧细致，入口即化，齿颊留芳。在青青的记忆里，姐姐的归来，是一项必不可少的春节启动仪式，这种深刻的印象，直到2008年才第一次被打破。

青青清楚地记得那年春节前夕，一场突如其来的雪灾席卷了南方，媒体每天都在报道航班取消、列车延误、公路阻塞、客轮停航……她所在的湖南家乡，屋檐下的冰钩子一串串吊得老长，参差不齐；雪下得太大，甚至一度断水断电。天寒地冻，置办年货变得很麻烦，全家人着急不已，但更担心还在广州的姐姐。姐姐已经买到了回家的火车票，却被阻留在广州火车站寸步难行，只好留在广州过年。为弥补不能回家的遗憾，姐姐特意通过快递给家人寄来了一份新年礼物——老广州手信，里面装满了青青爱吃的糕点。收到手信后，青青雀跃不已，那杏仁饼、花生酥依然还是以前的好味道，她开心地和娭毑（āijiě，湖南方言称祖母）分享。娭毑却白了她一眼说："傻妹陀，这寄回来的手信，还能叫手信吗？"

娭毑的这句话，让青青上了心，她特意去查了下"手信"的含义。原来手信源于粤语，指佳节拜贺或出远门归来时，送给亲戚朋友的小礼物。广式手信种类丰富，涵盖颇广，特色糕点是它的重要组成部分。手信之名，取其小巧便携，信手拈来之意。实至才能名归，以手为信方能传递出绵绵情意，这邮寄回来的手信所承载的情意，还能一如其名吗？

因着这点疑惑，广州在青青的心里，成了一个缤纷绚烂的梦想之地，她盼望能尝遍丰富多样的广式手信，也亲身体验下给老娭毑捎带手信的心情。一晃多年过去，青青已经从小学生长成了大学生。正好今年寒假放得早，姐姐邀请她来广州玩，青青于是早早买好高铁票，欣然南下了。

◎让远在老家的娭毑，也尝到早茶的滋味

高铁很快捷，从长沙出发，不到三小时，青青已经抵达广州南站。还在工作中的姐姐接到她后，匆匆将她安顿好，又返回了单位。青青一个人觉得好生无聊，就打算去“上下九”小吃一条街转转。

坐一号线地铁从长寿路站出来，小吃一条街顿时映入眼帘。年关将至，街上人头攒动，人们的笑语喧哗和商家招徕客人的各种音乐声、叫喊声交相嘈杂，让整个上下九洋溢着充足的年味。一抬头看见了路旁“莲香楼”闪闪的招牌，这三个字对她来说，早已熟记于心，因为姐姐多年来带回家的手信，以莲香楼出产的为最多。据说这家茶楼最早以制作莲蓉馅的糕点出名，被誉为“莲蓉第一家”。和大多数广式茶楼一样，莲香楼除制售点心外，还设有“三茶两饭”，即早茶、下午茶、夜茶和中饭、晚饭。广州人喜欢喝茶，节假日期间，家人团聚，相约酒楼喝茶消磨时光，其乐融融。此时，正逢莲香楼一年中最忙碌的时节，食客们络绎不绝，服务员忙得脚不沾地。一楼是饼屋，青青上到二楼，早已坐满，她只好和别人拼桌而坐。服务员前来斟茶，青青点了普洱，然后自选了几色粥点：榴梿酥、马蹄糕、虾饺、肠粉、艇仔粥等，细细品尝。榴梿酥很甜，马蹄糕很弹，虾饺里的虾个头很大，肠粉上淋了特制酱油，艇仔粥里照例泡了油条，青青一气儿吃下肚，嘴里鲜得不行，胃里几乎被撑破。结账时不过七十元左右，真正是价廉物美。

吃完后，青青下到一层，开始选购手信。她首先挑了一款椰汁年糕，这几乎是她每年都会吃到的年糕。椰汁年糕以糯米粉和澄面为主要食材，加入鲜椰汁、牛奶、糖、油等辅料，经搅拌、过滤、蒸熟、切片后，即为成品。烹制时可煎可煮，都鲜滑可口。莲香楼的年糕有红豆、姜汁、杏奶等口味和圆形、方形、小鲤鱼形等造型，青青每种都选了一点，又买了提子酥、凤梨酥、桃酥、椰奶酥、老婆饼、老公饼、鸡仔饼等点心，满意出门。

出得莲香楼来，陶陶居的门店赫然在望。青青抬眼望去，陶陶居中装修精致富丽，点心品种丰富，但苦于行囊已满，只好恋恋不舍地离开。

“买到了娭毑最喜欢吃的莲香楼，又亲手把它们带回去，这样带手信，娭

鉅記
手信
餅家
PASTELARIA
ST.PAULO
大三巴
餅家

应该开心了吧。”青青想到娭毑那悉的笑容，一颗心早飞回了湘江边家……

香港的零食，塞满爸爸的行李箱

广州出发坐高铁到深圳，只要40钟。高铁的开通，进一步释放了深这座改革开放桥头堡城市的活力，它成为连接香港和内地最重要的枢港口。

家聪已经来深圳出差一周了，明天正好有空闲，他打算去香港给女儿买些好吃的零食点心。女儿在天津长大，地地道道的北方小妞，却偏偏喜欢吃甜甜的广式点心，做父亲的也只有多买些地道小食，以多少弥补自己总要出差、难以在家陪伴女儿的遗憾。天刚蒙蒙亮，家聪就早早出发了，赶到福田口岸时，还不到九点。正值年关，虽然到香港打酱油式采买年货的深圳人很多，但家聪来得早，他很快通关入港，坐上了东铁线。家聪从落马洲站上车，看到车厢里坐得满满的，不少乘客随身带着箱子，交谈中大部分说普通话。上水、粉领、太和……东铁一路向前，家聪留心观看窗外景致，道路狭窄却非常整洁，来往车辆速度很快却有条不紊，他稍微觉出了几分香港和内地城市的差别。

按照之前查好的路线图，家聪在九龙塘转观塘线，又转荃湾线。为避免人多，他特意避开了尖沙咀站，而是从佐敦站出站。往前走一段就是繁华的柯士甸道，道路狭窄，两旁高楼林立，商家密集，来来往往拖着行李箱行走的内地游客显得辨识度颇高。家聪来港之前，在网上也看到过香港“反水货客”的报道，心中颇有几分惴惴不安。待到他在旁边的裕华国货大楼里转了几圈后，发现担心纯属多余；导购讲着不娴熟的普通话，态度极为热情。至于说到不便之处，除了路边小吃店不能刷卡，只能港币现金结算之外，并无其他。在附近的翠华茶餐厅里，家聪点了一份鱼蛋粉、一杯奶茶。鱼蛋粉中漂浮着四粒圆圆的鱼蛋，咬上一口，又弹又香；奶茶口感滑润，略带苦味，需要多加糖。家聪并不是特别喜欢这种奶茶的口感，却觉得“奶＋茶”的中西合璧式的创意，倒堪称香港饮食风格的典型写照。

多年前，家聪听广播节目时，听到主播讲香港是个多元化的移民城市，历来有“玉帝与上帝并存”的现象，反映在饮食中也常是中西结合、杂糅并包，给他留下了相当深刻的记忆，而此次香江之行，似乎进一步印证了他想象中的香港形象。他从翠华茶餐厅出来，信步闲走，正巧路边有家荣华饼家。进去一看，架上整整齐齐摆放着香港特色手信，其中有一款金砖酥，不仅有内地人比较熟悉的红豆、凤梨、冬蓉、南瓜等中式口味，也有蔓越莓、蓝莓等西式口味。还有一款

请将澳门带回家

澳门地区，大三巴牌坊前的大三巴街。2009年底。在这著名的手信一条街，各地游客都会带些心意作为手信。翌日回乡，面见亲朋：“我去了澳门，我在澳门记得你，请尝一下。”浓情厚意足够碾碎时光。

摄 _ 李建束

礼仪之物
“礼物”，一个意蕴深远的词汇——尽心择选，长途背负，珍藏相赠。一句简单的“恭贺新禧”，就是在告诉对方，很高兴从前遇见，很期望前路有你。
摄＿黄丰

秘制曲奇，有杏仁朱古力、燕麦蔓越莓、绿茶南瓜子蔓越莓等口味，将中式的绿茶、南瓜，西式的燕麦，健康的坚果，美味的朱古力等尽数采用。家聪只觉得琳琅满目，眼睛都看不过来，只好每种都挑了一两盒。

之前，家聪查看网友们的香港攻略，知道多家手信名店都有自己的主打产品，如奇华饼家的熊猫饼干、黑糖萨其马，优之良品的铜锣烧，陈意斋的燕窝糕，恒香老饼的皮蛋酥、蛋黄酥，丽姐私房酥饼店（Lily's Pastry）的手工曲奇，珍妮曲奇（Jenny Bakery）的饼干等，都是中西结合，口味盈足。

他本想给女儿多买一些，可惜时间有限，不能将这些手信一网打尽，只惆怅而归了。

夜幕降临，灯火通明中的东方之珠显得光华灿烂，家聪拎着在荣华饼买的一袋袋手信，穿行于人群之中

经过近一个小时的地铁中转，他回了福田口岸。这里人声鼎沸，等待关的内地人、香港人大排长龙，到都挤得水泄不通，其中不少人都随携带着采购的大量日常用品。

“或许香港人和内地人在某些方面要更多沟通，但这种相互融合的程，是身处其中的每个人都必须经和参与的吧。”排在队伍中缓缓前的家聪这样想着……

路途未满
北京市。2012年初。人们在前门大街也可以买到来自一千多公里外的、宝岛台湾的特产。这种赏玩“西洋景”式的手信，是否足够表达心意？
摄_罗伟

澳门“宝山”有“双峰”，为妈妈的心愿

香港尖沙咀码头坐船，一小时左右能到达澳门，澳门和香港一水相，风俗习惯亦接近。恩娇是地地道的广东女孩，长于佛山，工作在广。春节前，妈妈打电话来，说前段间对门的张阿姨从澳门游玩回来，楼上楼下的邻居们都带了澳门手，味道相当不错，让她下次去澳门时候也捎些回家。

娇选择一个周末，一大早就搭乘广城轨出发了。一个多小时后，随人潮走出澳门口岸，出来就能看到家赌场的免费大巴。“威尼斯人”大巴格外显眼，要去澳门的商业中心，坐它家的大巴再合适不过。大巴行至西翼站，恩娇下车，穿过一座天桥，又往前走了大约十分钟，远远地看到了官也街的入口。妈妈叮嘱过她，官也街是澳门著名的手信一条街，别人说，旅游到澳门，不去官也街，就像进宝山却空手而归，几乎不算来过澳门。

在滚滚人潮中，恩娇一眼看到了黄底红字背景的晃记饼家招牌，底版色彩如西红柿炒鸡蛋一般，形成了强烈的视觉效果。挤过去瞅瞅，原来它家的招牌小吃是一种叫肉切酥的薄饼，尝上一口，饼身薄脆，肉馅咸味，肥而不腻，果然极有特色。

晃记饼家附近不远，就是大名鼎鼎的

钜记手信。恩娇很爱看TVB的电视剧，其中一部《巨轮》，讲述澳门食品大亨罗威信发家故事，相传此人原型就是钜记的总经理梁灿光。为此，向来爱八卦的恩娇特意在网上搜索过钜记和梁灿光的故事，原来澳门有数百家手信店，但钜记一家就占到总营业额的七成。梁灿光是来自内地的移民，靠着做花生糖、姜糖等小生意起家，后来借着港澳自由行的时机，将事业越做越大。恩娇向来佩服这种白手起家的商界精英，此番来到官也街，当然也要去探访钜记手信了。

走进店中，店员立刻过来热情招呼，架上摆满了各色小吃，都可以一一试吃。推却不过店员的热情，恩娇试吃了杏仁薄脆饼，又酥又脆，口感居然和以前吃过的杏仁饼截然不同。带着惊喜，恩娇又试吃了黑芝麻花生糖，也是香味扑鼻，入口脆甜。所谓实践是检验真理的唯一标准，恩娇于是毫不犹豫将这两款手信的多种口味都挑选了一些买下。

钜记的一侧，坐落着咀香园的门店。曾有人戏称钜记和咀香园好似澳门的肯德基和麦当劳，双峰并峙，形影相衬。比较起来，咀香园的装修风格更可爱一些，店员说话温柔和气，让恩娇不由得驻足停留。店员介绍，咀香园的当家招牌为炭烧杏仁饼，是选用新加坡特有的炭，用木桶慢慢烘焙而成。慢烤或许耗费更多时间，但也能将食材中的香味都烤散出来。恩娇吃了一点，饼身酥松，入口清甜，确名不虚传。

从咀香园又买了几包杏仁饼出来，娇只觉得疲惫不堪。看着官也街上来人往、熙熙攘攘，大多数都是游模样，她不由得想：“这澳门手信赚的可都是内地人的钱呀。内地和澳，早已连成一体，又何必着意区内地人、香港人、澳门人呢……”瞅瞅脚下的手信包袋，恩娇一阵阵愁，买了这么多手信是想给妈妈捎家，可这些大包小裹，长途跋涉中带实属不便。她不禁怀念起那些在上惬意购买的逍遥时光，如果这些信都能网购配送，岂不更好？

可是，如果网购手信，妈妈大概会叨了。或许在老人家看来，手信必是以手为信，方显真诚。但恩娇对并不完全认同，时代在变，沟通方也不会一成不变。只要手信的质量硬，寄送的人用真心传递，又何必意传递的载体究竟是双手还是现代输工具呢？她发自内心地期盼这些门的特色手信，以后都能在电商台上开设旗舰店，这样就可以直接购，免去奔波之苦了。

“青山遮不住，毕竟东流去。”身急剧变化的时代，一切皆变，一切流。如同三江入海，那些传承久远丰富多样的广式手信，也自会在时变迁中留下自己新的印迹吧……

摄 吴越

广东省广州市。氤氲洋溢的香气，诱人食欲大振。这是粤式过年早餐的常规配置，“食在广州”果然名不虚传。

来自天山南北的果香

文/高竞闻

由于在外上学，每次离开家，总要带一些葡萄干、杏干、巴旦木等干果分给舍友。赠送给别人有新疆特色的礼物，第一个跳入脑海的也是干果。装在袋子里、盒子里的干果虽然加工方式和颜色各异，但都静静地保留了天山南北的香甜味道。

对于我来说，那是一种一进入果品批发市场和大大小小的摊位就能闻到的甜味，还有映入眼帘五彩斑斓的颜色。这些果品的原料生长在那遥远的地方，汲取了阳光雨露，然后把水分还给干燥的空气，留在其中的大概就是阳光的甜味吧！

○葡萄干——我爱吃玛瑙

我还记得自己上小学时，语文书里有一篇讲吐鲁番葡萄沟的课文，文中写到了晾制葡萄的场所之一——晾房。晾房建在高坡上，用砖砌成，并留大量方形孔，以便通风，加速葡萄干，又不至阳光直射。晾房里的椽上挂着帘子，底端距离地面半米右。晾葡萄时，维吾尔族妇女小心把葡萄串挂在帘子上。晾房每家有，或集中，或分散，远远看去花纷繁美丽，在夕阳下则红得像火。

在晾房里晾干或者阴干的葡萄，比无核白，保留了自身的颜色，但是葡萄干不止这一种方法。晒干的葡偏红色，果农在平坦开阔的戈壁沙上，或者在房前屋后的空地和晾场水泥地上，铺上芦苇编的席子，再葡萄均匀地在上面摊开。他们的脸晒得黑红，而一边的小孩子完全不当头的烈日，捡着葡萄吃得不亦乎。杏干、红枣也采用这种晒干的法，天是那样蓝，地上红火一片，热的午后静悄悄的，不知道水果干时会不会发出声音呢？

有用化学方法脱水干燥的葡萄干，样的葡萄干偏黄。

同的制作方法让葡萄干带有不同颜，但实际上不同品种之间的颜色本就差异很大。

作葡萄干的葡萄品种有无核白、马子、黑加仑、玫瑰香、金皇后、无露、伊扎马特等。绿色、红色、紫、金黄色、黑红色……水灵灵的大葡萄已经够惹人喜爱，变成葡萄干有的表面还有糖霜，粒粒晶莹，咬以后满口香甜，嚼起来硬硬的有韧，比任何糖果都要好吃。

于味道香甜，浓缩了葡萄的糖分和养，葡萄干的食用场合和方法非常。我和朋友为爬山露营、长途骑行准备的时候，一位很有户外经验的兄说："带点葡萄干，累的时候吃把可以快速补充体力。"像他这种常户外徒步、穿越的人会追求实用美味的统一，宁愿选择吃榨菜补充分，也不愿喝补液盐，同样喜欢吃葡萄干、脆香米等零食代替能量棒。

吃甜的人更享受葡萄干的多种吃。葡萄干放进酸奶里酸甜可口，就一起吃既香甜又顶饿。我最喜欢把葡萄干和核桃仁放在手里，一起倒入嘴中，越嚼越香，简直停不下来。这种吃法还是爸爸发明的。葡萄干和核桃仁照例是妈妈让我带到宿舍的，她说："晚上看书饿了就吃一把。"但是，每次只要一打开袋子，我就忍不住一把一把连着吃，没几个星期就吃完了。用葡萄干做抓饭、做"巴哈里"等民族特色点心也很常见。我猜即使是不喜欢吃甜食的人，也很难拒绝葡萄干。

○玛仁糖——为"切糕"正名

"切糕"对于人们来说并不陌生，"天价切糕"和"切糕送灾区"的事件让全国人民对切糕的感情很复杂。然而在新疆，大伙儿习惯把切糕称作"玛仁糖"。由于含有核桃仁、葡萄干等干果，玛仁糖的热量很高，营养丰富，且携带方便，早在古代就成为丝绸之路往来客商的重要补给品，给他们补充体力和人体所必需的维生素。

内地朋友有时候问："你们经常吃切糕吗？"我回答："很少吃啊……我在北京才第一次见到那种很大块的、造型漂亮的切糕。"我总觉得玛仁糖这种东西，大概只有在新疆居住比较久、新疆各地都去过的"老新疆人"才比较了解。玛仁糖用料讲究、密度大，所以比较贵。

在生活水平不断提高的今天，吃玛仁糖这种高热量食物总显得多余，但喜爱新疆美食的人一定不会错过。去年，姑姑就送给爸爸两大袋玛仁糖，是有独立小包装的那种。这种名叫

最风情的糕点
新疆维吾尔族自治区
什市大巴扎。除了切糕
新疆还有很多种类
糕点小吃，敞开心扉
探索美食的人，就能
体会其中的香甜。

“艾尔肯”的玛仁糖产自南疆墨玉，正好是爸爸和几个兄弟姐妹出生、长大的地方。爸爸见到玛仁糖两眼放光，说：“好东西呀！”

朋友觉得那种在校门口叫卖的切糕松松软软，像发糕一样，其实它所需原料很多，制作方法也不同。玛仁糖的原料包括玉米饴、小麦粉、核桃、葡萄浓浆、各种果脯。面粉中加入大量的糖或者取自葡萄干的葡萄浓浆，一方面这样不容易腐坏，另一方面使玛仁糖具有能够快速补充体力的特点。加入核桃仁等干果后蒸熟，然后在一个很结实的木槽中被压得非常紧实，除去多余水分。像艾尔肯等方便食用的玛仁糖，就会被切成小块，每一块似琥珀，像玛瑙，亮晶晶地闪光。白玛仁糖使用玉米饴和核桃，玫瑰玛仁糖使用葡萄原浆、面粉、核桃。像那种在校门口和街头叫卖的玛仁糖，则在外面用各种干果、果脯摆成好看的图案，里面和小包装的玛仁糖大致相同。

我的内地同学对切糕有点犯嘀咕，是因为他们都不大了解玛仁糖，所以朋友邀我一起吃饭时，我就在网上买艾尔肯作为礼物送给他。看着包装上的产地，我真为我的家乡自豪。

○巴旦木——别丢！这个核好吃！

第一次见到巴旦木的人，会觉得它像大杏仁，因此很多人把它和杏仁

为一谈，也有将它称作“薄壳杏”“巴旦杏”的。其实巴旦木是扁的内核，“巴旦木”是源于波斯语Badam”的音译。

巴旦木倒入过年的果盘，黄澄澄、灿灿的一片，非常好看。它两头很，中间饱满地鼓起，外壳上有一些小的洞，侧面通常裂开一条缝，露里面棕色的果仁，非常好剥。巴旦作为一种干果，比杏仁稍甜；作为货还有椒盐等不同口味。天山以南英吉沙、莎车、叶城等县盛产巴旦。每到初秋时节，果园里的扁桃由变黄，然后开裂成熟，人们便将它们集中采收下来。

巴旦木含有膳食纤维、蛋白质、维生素E，营养价值比同重量的牛肉高6倍。以前我以为它只能作为干果食用，现在才知道它有多种加工方法。其中，巴旦木酸奶最受我朋友们的喜爱。来新疆的朋友偶然买到巴旦木酸奶，一尝之下大呼好喝，一路上念叨着巴旦木。没有巴旦木酸奶卖也无妨，因为在酸奶上撒上巴旦木碎等干果，一样非常好吃，还没有添加剂。从过年果盘到美味饮品，巴旦木就像其他新疆干果一样，在新疆人口中被赞誉，在热爱新疆的人手中传递。

最地道的葡萄干
新疆维吾尔自治区吐鲁番市。葡萄晾房用土坯砖块垒成，据说理想的晾房内平均温度约为27℃，平均湿度约为35%，平均风速为1.5～2.6米/秒。从这里出来的葡萄干才是最原汁原味的新疆味。
摄＿潘静

摄 _ 陈光炜 _ 黄小黄

镜头里的香甜

摄 | 赵礼威 李勇

· 糕角儿，软糜子烫了心

· 阳桃干，闲暇含笑

· 千层糕，最大号的夹心饼干

· 金枣，替换苦涩藏起酸

· 贡糖，无语炸裂

· 茶泡，冰心美玉

· 糖瓜，灶火不熄熬成香、脆、甜

糖瓜，灶火不熄熬成香、脆、甜

文／邓洁　拍摄地／山东省莱芜市莱城区杨庄镇陈楼村　制作者／陈佃起　陈帮春

民谣中有唱："二十三，祭灶王；二十三，糖瓜粘。""糖瓜粘"泛指给灶王爷的祭品。南糖、关东糖、糖饼、糖瓜等都是主要祭品。

每年农历十月过后，山东莱芜陈楼村的几位老哥们儿，放下手里的活儿，汇聚到村里的糖瓜作坊，操起家伙，生火熬糖做糖瓜。几位老汉必须昼夜不息地轮班，因为灶火一点，就得一直燃到除夕。

首先是制作麦芽糖。将小麦浸泡，生出麦芽，在石碾上碾碎，与浸泡过两个小时的小米一同上大锅蒸。蒸出的糖水继续熬，经过捣碾搅拌，变成棕褐色的糖稀。把炒好的糖拔出一块，挂在木钩上，反复拉扯，直至其性状松软洁白，名曰拔糖。腊月里，气温都在零下，但是糖瓜作坊里却是热气腾腾。拔糖是个体力活儿，十多斤糖加上韧劲儿，可不好对付，制作者都要赤膊上阵。形成糖片后，再经过合缝，形成三米左右的长糖管，把糖管对折五次。将糖管移到温度较低的室外时，以最快的速度用细绳把一个个糖管截断，形成瓜形；用筛子不断晃动，使其冷却、定型，最后在炒香的芝麻上一滚。

吃时用碗底一敲，糖瓜应声裂开，截面一圈32个孔洞，咬一块嘎嘣响，香、脆、甜。

贡糖，无语炸裂

文／邓洁　拍摄地／福建省泉州市　制作者／郭永平

贡糖，是闽南地区的一种手工酥糖，主要原料是花生仁、白糖和麦芽糖。经过烘焙的花生在气味最浓郁的状态下，与白糖和麦芽糖熬成的糖稀以高比例混合，伴着糖稀的余温充分搅拌。这个过程没有十几年的经验，很难做好。比如花生过火就有焦味，白糖过熟糖稀会太硬，麦芽糖的火候不够，贡糖做成后就会松散黏牙。每样原料、每种配比、每次下锅、每阶段的火候，只要有一处差错，都有可能前功尽弃。

在花生糖稀半成品仍烫手黏软的时候，挖取10厘米见方的一勺，迅速放到石案上，用木槌反复锤打展平。一边锤打，一边折叠，使贡糖卷皮的层次越来越多，每一层都薄如蝉翼。做好的贡糖卷皮要迅速包进花生粉，运用手腕和手指的力量均匀地拉成一条直线，压板成形，再切成一个个小三角。

品尝贡糖，看起来是一个优雅的动作，但在口腔里却是另一番天崩地裂。牙齿稍稍用力，贡糖便如同层层堆积的岩石突然断裂瓦解，花生碎飞沙走石般狂暴飞扬，口腔被这酥脆、细密、香甜的贡糖填满，一时很难开口说话。

泉州涂门街上的郭家，是四代传承的贡糖作坊。如今涂门贡糖已经从单一口味发展到芝麻贡糖、盐酥贡糖、蒜味贡糖。在大众追求健康饮食的今天，咸味的贡糖尤其受欢迎。

千层糕，最大号的夹心饼干

文／何是非　拍摄地／内蒙古自治区呼伦贝尔市鄂温克旗　制作者／达西玛

布里亚特蒙古族的祖先居住在贝加尔湖一带，许多生活习俗深受俄罗斯人影响。呼伦贝尔草原上的布里亚特人家，每位主妇都会烤制各式各样的面包和蛋糕，千层糕就是年节必不可少的一种。

用秋天采摘的稠李子、山丁子、蓝莓、红枣等搅碎做成果酱。再将“希米丹”（牧民们自制的奶油）与面粉混合，擀制均匀，放入与灶膛相通的特质铁皮烤箱。奶香浓郁的蛋糕胚烤好后，切片涂抹果酱，制成夹心，再切成方形。细心的主妇会把蛋糕边切成小块，用果酱粘贴在蛋糕表面。最后切成薄片，与乌日木、炸果子等一起摆入盘中。

春节时，顶着风雪而来的客人一进门，主人就端上热气腾腾的奶茶，再佐以小山一样丰盛的“白食”，寒气一扫而光。千层糕果酱的酸甜搭配蛋糕的奶香，正是牧民们闲话家常的最佳伴侣。

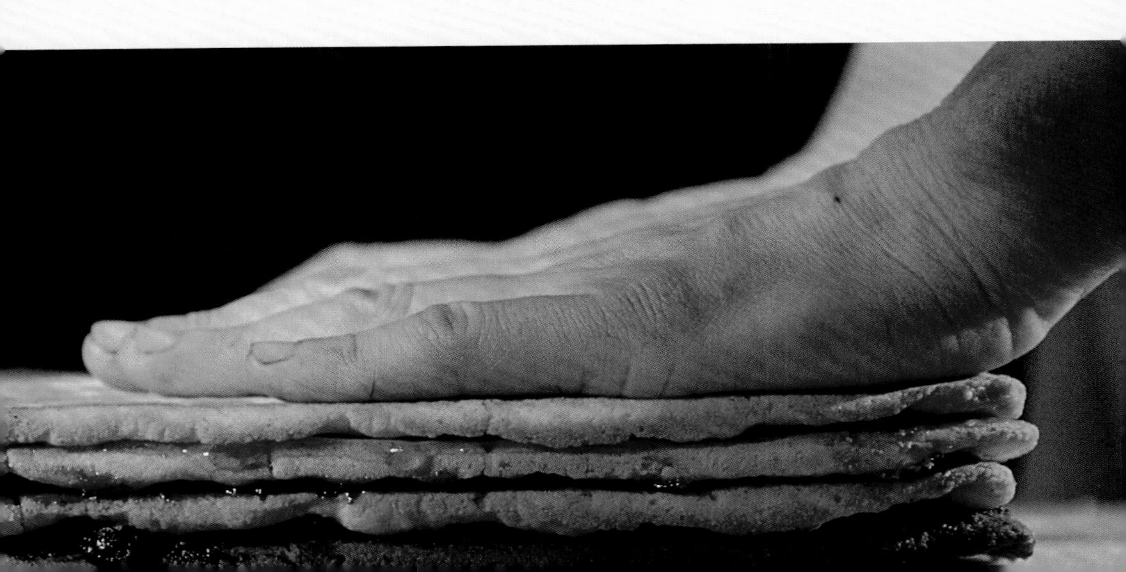

糕角儿，软糜子烫了心

文/邓洁　拍摄地/陕西省榆林市吴堡县　制作者/王秀

糕角儿，也叫软油糕，用黄土高坡上最主要的一种农作物——糜子制成。黄河流域种植糜子的历史可以上溯至八千年前。糜子分软硬两种，软糜子黏性大，口感软糯，是春节制作软油糕的重要原料。

软糜子在石碾上去壳，用温水浸泡一夜。捞出晾到半干，再上碾子压成面。软糜子面散发出自然的清香。蒸糕时，先将面用水拌湿。在蒸笼上垫上湿布，撒上一层；等蒸汽上升将软糜子面烫熟，再撒一层。如此反复，直至蒸完。

糕蒸熟后放在面案上，蘸上水揉匀、切段，包入白糖芝麻馅儿。放在油锅里一炸，金黄锃亮，油糕外皮香脆，咬开汤汁自然流出，很容易烫嘴。一边玩耍，一边嚼黏韧的油糕，用舌头去舔顺着手臂和袖口淌下来的糖汁，这是很多陕北孩子的过年记忆。

阳桃干，闲暇含笑

文／邓洁　拍摄地／广东省江门市开平市　制作者／关君　周柳英

开平的马降龙村，13座近一个世纪前修建的碉楼背靠百足山，曾经是当地村民防匪盗、躲洪灾的避难所。碉楼群和百足山之间是一片阳桃林。每到秋天，阳桃成熟。阳桃外皮由青泛黄、内里酸甜多汁的时候，住在碉楼的阿姆们结伴采下阳桃，制作成阳桃干。

制作蜜饯、果干，是保存果蔬的一种方式。尤其是到了秋季，大量果实收获，经过糖、盐或蜂蜜腌制，再进行曝晒脱水，鲜甜的味道就可以长时间保存。在农闲的冬季，尤其是春节，蜜饯和果干成为非常受欢迎的休闲食品。

马降龙村的阳桃干采用典型的广式蜜饯制作方法，与橄榄、奶油话梅、加应子的制法类似。新鲜阳桃经过盐腌制，晒到半干，再加糖腌制，在阳光充足的天气里继续脱水。阳桃干制成后呈深红色，表面结有糖霜，甜、酸、咸，口味丰富。

金枣，替换苦涩藏起酸

文／邓洁 拍摄地／台湾省宜兰县 制作者／林鼎刚

金枣果实椭圆，色黄如金，酸甘芳香。金枣并不是枣，实际上是柑橘类的一种，正式名称为金柑，也叫金橘；可连皮带肉食用，果皮甜中带点苦味，但果肉会让怕酸的人却步，当然也有喜好这一口的人觉得它恰到好处。《本草纲目》有记载："金橘形长而皮坚，肌理细莹，生则深绿色，熟乃黄如金。味酸甘而芳香，糖造蜜煎皆佳。可润喉，生津解渴。"

台湾90％以上的金枣来自宜兰。宜兰的金枣果园主要分布在礁溪乡、员山乡等雨水充足的山坡地区。

金枣蜜饯经九道工序制成，包括水洗、分级、针刺、盐渍、漂水、杀菁、真空糖渍、热风干燥、卫生包装。一颗颗鲜嫩饱满的新鲜金枣变成色泽光亮、晶莹剔透的金枣蜜饯，令人垂涎。

茶泡，冰心美玉

文／邓洁　拍摄地／广西壮族自治区玉林市　制作者／苏第能

玉林茶泡是广式蜜饯冬瓜糖的进阶版，它精美雅致，是春节和婚嫁时招待客人的上品。

玉林茶泡以冬瓜为制作原料，要挑选肉质更坚硬的“老水”冬瓜。取靠近皮的部分，修切成五厘米见方、五毫米厚的方块。以二十几把精细的錾子为工具，雕刻而成。在冬瓜上雕刻，无法画草图，需要制作者对于花纹图案熟稔于心，下刀分毫不差。在玉林，苏第能师傅是唯一还在坚持这门手艺的人。他的茶泡手艺是从母亲那里继承的，他现在制作的双石榴、花瓶戏珠、国色牡丹、丹桂飘香等都是凭记忆保留下的花纹图案。这些图案精美典雅，蕴含着和谐美满、多子多福、喜庆吉祥等含义。

錾好的冬瓜片，用糖水浸渍、晒干，再浸渍、再晒干，如此反复。一个星期后，茶泡就制作完成，保存在干燥处。

在茶杯中放上一块茶泡，将冲泡好的茶水缓缓注入，茶泡中的糖分带着冬瓜的清香慢慢释放到茶水中。一杯清澈茶汤，一片冰心美玉，饮茶泡是一种美的享受。

所谓『糕里来，团里去』，

甜绝不是简单直接的蔗糖甜，

而是与农业民族的主要能量来源——

米和面，裹挟在一处。

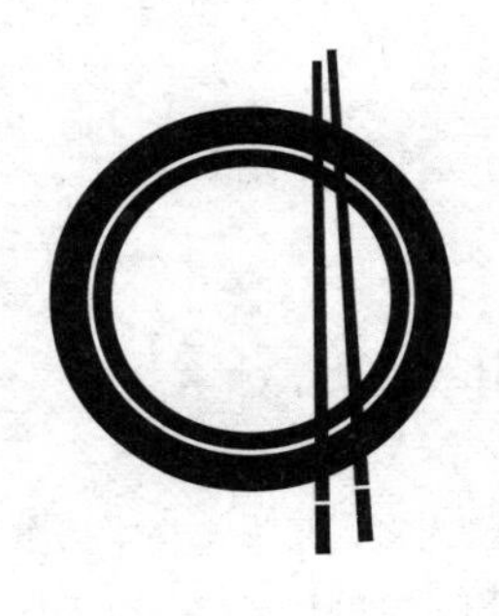

有·心

和家人一起才叫过年

文/黄磊

○我所有的年三十都没离开父母

春节，对中国人来讲是一年当中最重要的一个节日，同时也是每一个人从童年到成年，从家乡到异地，从父母身边到组建家庭这一系列人生历程中，留下记忆最多的时刻。

我这44年，所有年三十都没有离开过父母。起码除夕夜的时候一定会在家里，而且一定会跟我的父母在一起。

其原因也非常简单：结婚之前我肯定是跟父母一起过；婚后因为我的家在北京，父母家也在北京，所以我过年都在家里。也有出去玩的时候，但我都会过完三十和初一才离开。

○那一年初一凌晨：我长大了

那是1997年，我研究生毕业之后留校教书。那一年我还没结婚，孙莉的父母还没有搬到北京来，一到春节，她就会回到大连老家跟她的父母一起过年，我则留在北京。我姐姐已经结婚了，要陪着她老公去她婆家过年。数来数去，大年三十是我跟我的父母三个人过的，家里很冷清。

那时候，我跟孙莉住在北京的西边，觉得已经有自己的家了；而我父母家在东边。年前我刚刚学会开车，买了一辆车，大年三十下午，我开着车去父母家里跟他们一起吃年夜饭。

而那一顿年夜饭，给我印象最深的是父亲做的大火锅。在热腾腾的铜锅里，有母亲包的蛋饺，父亲做的肉丸，发的海参、木耳、香菇，调的鸡汤，还有发的牛筋、鱼肚，炸的肉皮，虾，鲍鱼，干贝，冬笋……很大的火锅，像广东人过年时候吃的盆菜。这火锅没什么地方特色，就是自己家的，类似全家福。我们三个人，在冷的大年夜，吃着丰盛的火锅。

完年夜饭，我陪二老看电视。那个候春晚还不像现在这么“难看”，们一起等着看小品，一起嘎嘎嘎地。那时候不让放鞭炮，很安静。了十二点，他们俩也累了，我说你睡觉吧，就一个人开着车，穿过北城，从东到西。此时天开始下雪，一瞬间，我突然觉得自己正驶向远，在远离自己的父母——他们变了，我长大了。那个初一凌晨的雪，是我人生的一个节点。

家人最多的年夜饭，最热闹

对2014年的春节印象同样特别深。那年我家有了第二个小孩，也是孩，她的名字叫作“妹妹”。过年时候非常非常热闹，我父母、孙莉父母、我跟孙莉，还有我们的两个儿都在，长辈们有了一种子孙满堂感觉。晚一点的时候，姐姐也带着的外甥来了，那是我们家人口最多一次过年。

夜饭就应该在家里自己做，如果不坐在家里，还要再转一个场，就有不像是一家人团团圆圆地在过年。为过年就是为了一家人团聚。大家落在各个位置——沙发上，厨房、餐厅里，电视机前，麻将桌前，才有过年的感觉。如果不能凑在一起，过年还有什么意思。

2014年春节是我做的年夜饭。我还列了单子，提前去菜场买菜。烧了一个干烧黄鱼，把它留着第二天才吃，意在年年有鱼（余）。我还做了一桌类似于火锅的全家福，烧了扣肉、素什锦、冬笋烤塔菇菜、辣椒炒鸡、豆腐、鸡汤……大概二十几个菜，大家其实也不太吃得下去，但是过年总是要弄一桌子菜，热热闹闹才对。

○最特别的大年三十：满北京买韭菜

每一次过年，除了做年夜饭，还有一件重要的事情就是采买年货。过年的时候总要买些鸡鸭鱼肉、海鲜之类，各种美食，觉得应该花点钱把家里面弄得喜气洋洋，物资丰富一些。买年货像是给新的一年存点东西，也带点新的气息。

大概是2005年春节，我和孙莉本来商量好去爸妈那边吃年夜饭、包饺子，结果又有朋友约我们年夜饭过后一起包饺子。约好之后突然发现没韭菜。当时已经是大年三十的下午，我们开车到处找韭菜，最后在一家超市终于买到了一把儿韭菜。捧着那把绿油油的韭菜，在年三十的黄昏往家赶的时候，突然觉得过年就是这样，一把绿油油的韭菜，你把它买回家里，想着能跟家人、朋友一起包顿饺子。这是一个中国人最踏实、最幸福的时候。

○小时候办年货，一定要买糖

我小时候那会儿物资还比较匮乏，糖都是定量供应的。可小孩子永远对甜的东西感兴趣。听母亲说，我小时候经常半夜哭醒，说“我要吃糖饭饭”。糖饭饭是什么东西？就是白米饭放点开水，舀上一勺白糖，这是我小时候最爱吃的东西。

甜的东西永远会让人们觉得心情愉快，我到现在都还对甜味情有独钟。虽然以前抽烟的时候我不喜欢吃甜的，但在戒烟之后这几年，我越来越觉得蛋糕、巧克力、冰激凌等各种各样的甜品，都是诱人的美味，会让人心情愉快、情绪稳定。

小的时候，家里人去办年货时，一定会买糖。如果能够有机会吃到大白兔奶糖，简直要幸福死了。在商品流通不畅的时代，地方的土特产、特色食品很难买到，大白兔奶糖通常要托人从上海带过来。所以，那时的列车员是非常有权力且特殊的职业，第一可以买到火车票，第二可以帮亲友带土特产。

虽然不容易，每年过年我们还是会想尽办法买一些零食，在有客时，就以端上几个盘子、几个干果盒作为待。平常的人家除了过年，待客时会拿出零食，只消泡一杯清茶。如家里来了小朋友就会拿出几块儿糖说“来来来，小朋友吃糖”，把糖在他手里，这就已经是非常好的待了。

但是过年不一样，你不能还是一杯茶，起码要端出一碟花生、一碟子，最好还能有些葡萄干、核桃、珀核桃仁，一些小点心，当然还要出一碟水果糖、一碟奶糖。我印中，那时候我母亲都会买一种名“酸三色”的水果糖，圆形小粒，的、绿的、黄的，包着透明的塑纸。还有一碟奶糖——说是奶糖，常是杂拌糖里混一些我们自己放进的大白兔奶糖和用彩色锡纸包的小克力。过年那些天里，巧克力和奶会被挑着先吃完，等到过完正月十的时候，就只剩下酸三色了。我经哭着说：“只有酸三色，找不到奶了。”但我们仍不甘心，在一堆红的、黄色的、绿色的酸三色里面啊，翻啊。“哎，我找到了一个！我忽然在酸三色海洋的最底层发现一块儿大白兔奶糖。

那块儿大白兔奶糖真是甜得不得了也香得不得了！我跟姐姐一人一半面对面坐在那儿，坐在北京的冬里。窗外飘着雪，我们嘴里各自咬半块儿大白兔奶糖，好开心。

）从外地提着土特产回家就是过年

大家以前都还跑到街上买年货、山货这些土产，现在网购非常盛行，有人干脆买一些海外的土特产，买个新西兰的羊腿、德国的猪肘子给家人吃个新鲜。我当年拍戏的时候，每到一个地方都会买当地风物带回家，比如浙江的扁尖笋、笋干、火腿。

2006年初，我在四川宜宾的蜀南竹海地区拍《家》的一场戏。大约年二十七、二十八的时候，我转到老乡家里，看到人家挂在灶台上的腊肉，我说你这个腊肉卖不卖啊，他说不卖。我缠了老乡很久，终于把腊肉买了下来。那个时候多多刚刚一岁，要吃鸡蛋黄，所以我又在村子里找到土鸡蛋。又买了一些竹海特产竹笋、笋干、竹荪、竹蛋……大包小包地提着，去坐飞机。过安检的时候，安检员说："您这是什么东西啊？"我说："鸡蛋。"他说："嗬！还带鸡蛋坐飞机！"

鸡蛋当然不能托运，我只能一路小心翼翼地提回家。你知道过年之前从外地提着土特产回家的心情吗？那就是

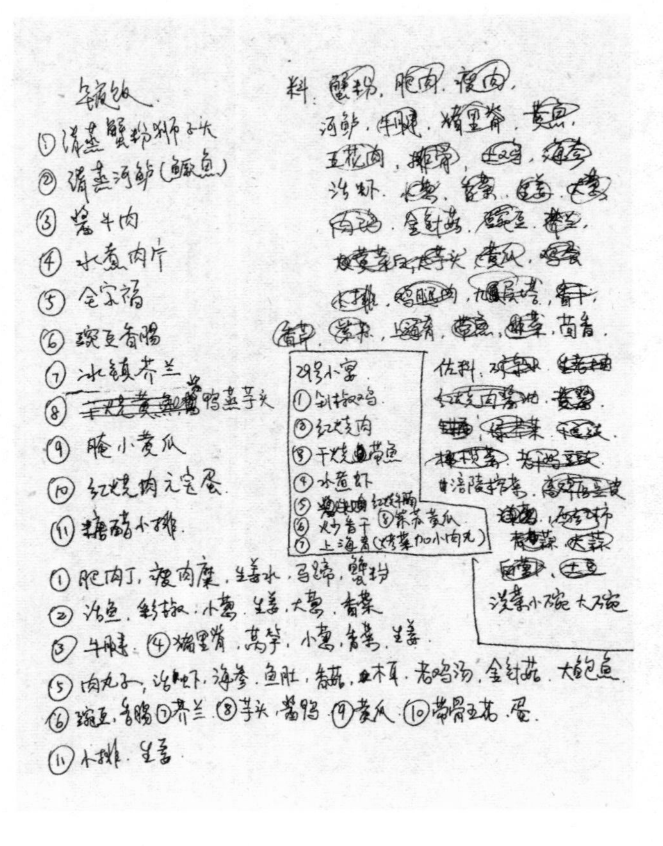

黄小厨的年夜饭

在吃上，黄磊事必躬亲。尤其是年夜饭这样家人团聚的重要场面，从采购到掌勺，丝毫马虎不得。

图＿黄磊

真正的回家过年的心情。似乎只有这样，才会让人觉得自己有家，惦记着家。

○家乡的味道，就是母亲喊我回家吃饭

大家都知道我是江西人，经常有人问我会不会做一些江西的美食，比如粉蒸肉、小笼包、腌笋等。坦白讲，我是一个非常不正宗的江西人。我祖籍江苏南通，爷爷、奶奶、叔叔、姑姑、父亲都是南通人，这一边的其他亲戚也都在南通。我另外一半的记忆和血统更贴近湖南，因为我母亲是湖南人，外公、外婆、姨妈、舅舅都在湖南株洲。我大部分的童年是在株洲和北京度过的。"文革"中期，我出生于江西南昌。1976年底，我跟随父亲迁居北京。我对江西的感受并不强，不会说江西话，对江西菜肴味道的印象也是后来吃各处的江西菜馆才建立的，而不是在童年。

但是我相信每个人都会认为自己的家乡有特别的味道。读大学的时候，我一直很羡慕那些每到假期就回老家的人，比如有的同学回哈尔滨，就会带回来里道斯的红肠、风干肠、大列巴；回山东的同学带回煎饼、虾酱；回浙江的带干笋、扁尖笋；安徽的会带一些毛豆腐、臭鳜鱼……每个人的老家都有这么多好吃的。

可是，我自己的家乡，和我的家乡味道，在哪里？

我没有建立起自己的江西南昌味道，也没有湖南株洲的味道，更没有江苏南通的味道。都是在我长大以后，因为热爱美食，吃遍全球，我才开始记得一些味道。我小的时候没有太多机会下饭店，父母做的又不是北京菜，所以我的记忆里也没有北京味道。母亲做的有点儿像湖南家常菜，父亲做的有点儿像江苏自创菜。对于我来讲，家乡的味道就是烧煤的炉子，米饭，远远飘来的肉片、辣椒、烧茄

子、酱油、饺子馅、蒸螃蟹的味道，以及所有我小时候吃过的东西——扣肉、雪菜豆瓣烧黄鱼、雪菜肉丝面条……

那个时候我家住在朝阳门外芳草地的平房，母亲站在门口喊："黄磊，回家吃饭了。"我就往家里跑，一边跑，肚子一边开始叫……每到过年，我们都会问自己：什么是家乡的味道？家乡的味道就是父亲、母亲做的那顿饭的味道。

○美食就是刺激和想象

我非常喜欢吃辣椒，几乎到了无辣不欢的程度。因为母亲是嗜辣的湖南人，父亲虽然是江苏人，但他年轻的时候也非常能吃辣。在我小的时候，父亲每次吃炸酱面，都会弄一根很辣的青辣椒，跟吃黄瓜一样举在手里嚼着吃。辣的食物会让人兴奋，觉得刺激，有食欲。我跟多妈两个人最爱的也是麻辣火锅这种辛辣的食物，我做饭也经常会做一些辣的菜。后来有了多多，有了多多妹妹，做辣的东西少了一点，但我依然旧习难改，以至于我们的多妹现在也练着要吃辣。

表面上，辣是一种掩盖了食物本身味道的味道，但是辣味也恰好提升了很多食物的原味。有些人崇尚吃最原始的或者最本真的味道，而加一点辣可能更有助于你体验味觉、口感，以及想象。美食最重要的就是千变万化，没有一定之规，可以随心所欲。

也许有人认为美食不应该是刺激的，我却觉得，美食当然就是刺激。即便你清蒸了一条最新鲜的鱼，只是放一点点蒸鱼的豉油、一点点葱姜，这个鱼本身的鲜味，对你也是刺激。我们在海南试过更质朴的吃法：开水煮一下新鲜的鱿鱼、贝类，蘸点儿醋和酱油直接吃，其本身也是刺激。我在云南时，将松茸采摘洗净，直接放在火上轻轻地烤一下，或者用油轻轻地煎一下，撒一点点盐，就非常鲜美。这不是刺激吗？

每个人过年的方式不一样，有的人可能愿意买上一大堆鞭炮在外面一通猛放，然后喝七天大酒，每天都是大鱼大肉；也有人选择跟爱人、家人一起，在海边静静地坐着，喝一杯冰凉的饮料，或者一盏清茶，看会儿书，回忆一下这一年都做了什么。你可以安静地审美，也可以热闹地狂欢，根据你的身体，你的欲望，你的情感，你的性格……过年属于每一个人，它不需要有一定之规。其实我挺希望有朝一日春晚可以停下来，把除夕夜还给家庭。过年是一个非常私人、非常传统，属于每个家庭、每个人的内心，唤醒每个人童年记忆的温暖的节日。

在这样的节日里，每个人最应该做的事情是守着家人，守着美食，守着自己。

○黄小厨的大理想与小愿望

好像这些年大家都觉得年味儿越来越淡，这是一个进步，还是一个遗憾呢？我觉得年味儿淡的原因可能是大家忙了。年前忙得不得了，顾及的事情特别多，年后又想着有一大堆事情要去做，并且随着年纪一点点增长，对年也就看淡了。可是对于像我的女儿多多这个年龄的小朋友来讲，年味儿并没有淡。而比起我们在一些文学作品里看到的，比如老舍先生的小说里面描述的老北京的年味儿，我们小时候的年味儿也没有浓到哪里去。

其实年味儿淡不淡不在于是否讲老礼、老形式。微信上疯狂地发红包，一样有年的热闹。遗憾的是，各个家庭的成员越来越少，人少了，过年显得不热闹。在中国人的价值观里面，儿孙满堂、家庭和睦是非常重要的，但现在很多家庭聚在一起的常常是四个老人、两个中年人加一个小朋友——4：2：1，看起来非常冷清、后继无人的样子。小孩子越来越少，可能是年味儿变淡了的重要原因，因为孩子的欢笑永远是年节当中最浓的亮色。

我有很多拿手菜，因为喜欢做饭，也爱吃，有天我在微博上给孙莉做了几个拿小碗盛的菜，取名叫“小碗黄”，听起来很像老字号。“小碗黄”的厨子应该叫“黄小厨”吧。绝佳的在微博上我就有了这么一个绰号。

后来因为我在微博上不断地秀厨艺，大家也都喜欢黄小厨这个名字，于是黄小厨就越叫越响。我跟几个志同道合的好朋友商量，干脆把这个黄小厨变成一个品牌：黄小厨不是卖货郎，我们是新的厨房生活的发起人，我们要推动热爱厨房、热爱生活、热爱美食、热爱家庭、热爱分享的概念。

过年就是我们生命中一个又一个的节点，我们过了80个年、90个年，人生也就走完了。我自己心目中最理想的过年场景就是张灯结彩，儿孙满堂，家人团聚，其乐融融。家人一起品尝美食，为彼此送上祝福，一起祈祷这个世界更加和平，祈祷我们的家园更加美好，祈祷人心向善，人们彼此信任、理解、相爱。这也是黄小厨想分享给大家的，也希望用一个一个的年，让中国变得越来越好。

今年过年我还有个小愿望，就是和黄小厨的同事们一起吃火锅，吃完之后再一起调馅包饺子。包饺子的全套流程我非常熟练，从弄馅、和面，到擀皮、包、煮，我很期待给大家包这种不一样的饺子。

摄＿王振伙

饺子和汤圆是怎么成为年夜饭巨星的

文/朱不换

什么是过年必吃的食品？北方人会回答“饺子”，许多南方人会回答“汤圆”。还有不少人会回答“年糕”“糍粑”“盆菜”“火锅”等等。各地风俗虽然不同，但饺子与汤圆无疑是过年必吃品中分布最广、拥趸最多的两个门派。那么，为什么过年吃饺子和吃汤圆这两种风俗最为盛行呢？

去问问家中老人，最容易得到的回答是“吃饺子吉祥”“吃汤圆吉利”。这里面的说法可就多了：饺子形如元宝，可以招财进宝；汤圆象征团圆，等等。在新年这个最重大的传统节日中，任何习俗吃食都会被赋予吉祥美好的寓意。

可是，每个地方的人在过年时都会认为本地吃食最吉利。假如我跑到过年盛行打糍粑的武夷山地区去传播“饺子教”，试图说服当地的父老乡亲们“吃饺子比吃糍粑更吉祥”，那我恐怕非挨揍不可。那么，问题就来了——既然人人都认为本地的传统吃食最吉利，而“什么最吉利”这个问题归根结底属于民俗信仰的范畴，并无对错高下之分，那么，饺子和汤圆又是如何成为中华大地上最广泛、最普遍的两种过年吃食的呢？

○巨星三要素：金贵、假统一、真麻烦

要回答这个问题，我们还要回到饺子与汤圆这两种吃食本身。饺子和汤圆拥有哪些共有的、独特的品质？这些品质在传统农业社会的年度最大节日中能实现什么样的功能？这两个问题才是我们解开“饺子与汤圆盛行之谜”的钥匙。

那么，传统农业社会的年度最大节日的必吃食品需要实现哪些功能呢？

第一，新年的必吃食品要具有价值区分度，但又不太昂贵。过年期间，特色美食主要有三个功能：供奉祖先、犒劳自己、装点门面。换句话说，过年的必吃食品要能满足“敬得起祖宗、对得起自己、撑得起面子”这三个要求。因此，新年美食要比春夏秋冬的日常饮食更尊贵、更好吃、更稀缺，同时仍在普通家庭的承受范围之内。

第二，新年的必吃食品要具有丰俭由人的弹性，才能真正普及到千家万户。也就是说，新年的必吃食品得是这样一种食品：它的成本可高可低，富人可以富着吃，穷人也能穷着吃。

第三，新年的必吃食品的制作过程不能太简单，要足够烦琐，才能带来仪式感和参与感。因为传统节日的盛大、庄重和欢愉，有一大半是通过烦琐的准备过程传达和体现出来的。准备过程足够烦琐，才能体现对祖先神灵的虔诚和对节日的重视，才能让足够多的家庭成员有参与的机会。

我们再来看饺子与汤圆的两大共同特征：第一，饺子和汤圆都有个软皮儿；第二，饺子和汤圆都使用馅料。这两个特征看似不起眼，却正好能满足价值区分、丰俭由人与过程烦琐这三个功能要求。

先看软皮儿。制作软皮儿的食材需要具有良好的延展性、黏度和弹性。高产廉价的粮食如玉米、甘薯都无法实现这一点，普通的籼米粉、粳米粉、粗磨小麦粉也很难在制作软皮儿的工序中“挑大梁”，只有价格较贵的糯米粉和精磨小麦粉能满足要求。饺子和汤圆软皮儿的特征实际上造成了新年吃食与日常饮食之间的价值区分。

各位看官可能会说，糯米粉、饺子粉超市都有卖的，并没有多贵啊。如今确实不贵了，可过去的时候，糯米粉和精磨小麦粉并不是百姓人家天天都吃得起的。老一辈美食家唐鲁孙曾回忆：“当年北方乡间民情淳朴，生活节约，除了逢年过节才吃一顿白面饺子外，平素多半是吃荞麦面、高粱面、豆面、带麸皮的黑面包的饺子的。”歌剧《白毛女》中，杨白劳带回二斤白面后，喜儿欢喜地唱出“爹爹带回白面来， 欢欢喜喜过个年”，这唱词或许也能让我们对过去白面之贵有所了解。至于糯米，不妨看汪曾祺怎么描绘旧时江南米店的配置：“四个米囤，由红到白，各有不同的买主。头糙卖给挑箩把担卖力气的，二糙三糙卖给住家铺户，高尖只少数高门大户才用。一般人家不是吃不起，只是觉得吃这样的米有点‘作孽’。另外还有两个小米囤，一囤糯米；一囤晚稻香粳……这两种米平常没有人买，只是既是米店，不能不备。”这个描绘告诉我们，糯米在传统社会里比较昂贵，是人们只有节庆时才购买的上品。

初五还得吃饺子
江苏省南通市。201
年2月23日，正月初
五。吃饺子的人认为
如果说除夕吃饺子代
表团圆，那么在初五
这个“破五”“牛日
吃饺子，则代表“捏
小人嘴”和破素吃荤
大吉大利，非吃不可
摄＿徐培钦

再看馅儿。饺子和汤圆的馅儿都藏在皮子里，馅儿里具体放什么，主人说了算，可荤可素可高可低。猴头、海参、发菜这些奢富之物可以入馅，野菜、萝卜缨、豆芽须这些贫贱之物也可以入馅。不论贫富，都可以包出好看、好吃的饺子、汤圆来，正所谓“饺子面前人人平等”。

最后，要做出软皮儿，就要和面、擀皮；要弄出馅料，就要剁馅、调馅；要让二者合一，还要上手包、下锅煮。这一系列过程足够烦琐复杂，一个从不做饭的人用三分钟就能学会番茄炒蛋，但用三个小时也未必能学会饺子、汤圆从制作到煮熟的全套制备过程。而这种烦琐性恰恰能给人带来仪式感和参与感。

○软皮儿带馅儿，煮比蒸好

在满足了价值区分、丰俭由人和过程烦琐这三个要求之后，饺子和汤圆实际上已经“打败”了传统农业社会中的大部分常见吃食。打卤面？不能实现价值区分。蒸酥肉？穷人家做不起这么荤的菜。一般的炒菜？过程太简单不够烦琐。

您可能又要说了：软皮儿带馅儿的食物可远不只饺子、汤圆这两种，还有包子、馄饨等等等等呢。过年必吃食品，为什么是饺子、汤圆，不是包子，不是馄饨？

这就得提到蒸和煮的区别。老话里说：“三十晚上不能蒸东西，不能

东西，免得争吵，所以只能煮饺。”这是说煮比蒸吉利。可是前面经说了，吉利不吉利具有文化相对，你说蒸不吉利，那我还说煮不吉呢。还有别的缘由吗？

软皮儿带馅的食品来说，煮相对于有一个突出的便利——熟得快。水开，五到十分钟就能煮好一锅饺子汤圆。包子呢？至少要蒸二十分，如果算上包好之后发酵醒面的时，得一个小时往上。这是怎么个概呢？假设一个吃过年团圆饭的大家里共有十口人，一口大锅一次能蒸三人份的食物，煮饺子、汤圆的，几分钟出一锅，眨眨眼全家人都上了；蒸包子，保守计算半小时一，等最后一屉出锅，等着吃的人恐怕要饿昏过去了。

这样一来，能和饺子、汤圆PK的就只剩下馄饨这种食物了。然而，从词源上来说，饺子实际上曾是馄饨的一种。从南北朝时起，就有了馄饨这种水煮的、软皮儿带馅儿的食物。宋代时，人们开始把馄饨之中对折带角的那一种称为“角子”“角儿”，逐渐演化成了今天的饺子。因为“角子”“饺子”与“交子”谐音，于是饺子便被附加上了“更替交子”（旧年与新年的时间在除夕夜子时发生交替）的含义，成为人们在除夕夜这个特殊时刻食用的特色食品。因此，饺子战胜馄饨而成为新年食品明星的最后一个撒手锏，主要在于它的名字起得好，与过年的时间相合。

元宵都得吃汤圆

上海市静安区石门二路。2012年2月3日，正月十二。人们在社区元宵联欢活动中一起包汤圆。协同劳作就是欢聚，足够繁复，又有统一标准和机械性的劳动，更会增进人们的交流。

摄 _ 杨毅

母亲的手艺与哲学

文／温瑶

○妙手天成，炫技之夜

我母亲是天生的好厨子。据她说，小时候外公不常回家，外婆上班早出晚归，落下的中间这一餐让他们兄妹几个好生痛苦，于是她这个当大姐的居然自然而然、无师自通地学会了做饭做菜。后来出嫁，她的婆婆、我的祖母是地主家的女儿，吃喝用度铺张考究，尤其吃的，要讲火候。什么火烧什么水，什么时节吃什么菜，规规矩矩，方寸不乱。母亲投师我祖母门下，不足月，厨艺已初见成长；三月余，突飞猛进；到我出生的时候，已经是婚丧宴席都能操办得游刃有余，街坊邻居无不交口称赞的居家小能手、中国好厨娘。

小时候过年，主妇们兴整个正月都不开火，凉菜、热菜全部提前备好，饺子要包好几百个，水果、小食儿都不得少，富余出来的时间就留给亲人之间的私房话。那光景，常常是午饭撤下去的饭菜，晚上热一热接着端上来，仿佛永远吃不完，而话能说到天荒地老。外头鞭炮噼噼啪啪地放，屋里腾腾的热气最终铺到了玻璃上。如果这时候突然下起大雪，客人便不忍走了，母亲会自然而然对大家说：“晚来天欲雪，能饮一杯无？”把诗说得像家常话一样。那是我记忆里最工整的年味儿，浓妆淡抹，意蕴悠长。其实桌上的菜里外不出那几样：豆酱、酥肉、酥鱼、什锦锅子、扣肉丸子、干炸带鱼、八宝炒酱……视各家经济情况定。假如半天下来谈性不减，母亲会亲自下厨额外备几样小炒。小炒都是新鲜菜，清清爽爽，不油腻。没有胃口时吃几样甜点也很享受，八宝饭、核桃酪常常是永不会出错的选择。

年味变淡是从家里老人的去世开始的。及至最后一位老人离开，母亲做内年夜饭便再也不是小时的味道了。传统的过年菜一年少似一年，没人吃了。这几年的年夜饭更像是象征性的摆设，设宴一桌，静候客，但少有人单纯地只因挂念而前来叙话了。我看着母亲一次一次把热好的饭菜再端下饭桌，自己也不吃一口，就在一旁撺掇："不如咱以后不做这些肥鱼大肉了，只做锅子、饺子，谁想吃谁吃，怎么样？"母亲眼睛一亮，得嘞，正中心声。

○任意围炉，奇香荡漾

我家的锅子主一味羊肉锅。羊肉一定要选来自内蒙古草原的上好羊肉，这种肉肥美鲜嫩，质地紧密，哪怕仅是开水里烫一下，也能立刻香味四溢。买来这种羊肉之后洗洗涮涮，然后切成拇指大小的肉丁，加各色香料下锅炖。炖肉的当儿准备自己喜欢吃的素菜。胡萝卜绝不能少，待到羊肉炖烂，将准备好的素菜下水飞汆，半熟时铺到锅底，舀几勺带汤的羊肉那么一浇，火啪啪一点。再搁点儿辣椒，另起锅，挖少许自制猪油在锅内化开，烧到七八分热时迅速淋到锅子里的辣椒上，做到麻、辣、鲜、香，这羊肉锅子就成了。如果不够吃，再兑些肉汤，继续煮。这是全年吃得最慢、最长的一顿饭。年三十儿，吃饺子前，我们一家人就围着这么一只锅子，嘘寒问暖，各诉心事；吃到满头大汗的时候，体内储存了一个冬天的寒气、怨气，因为这羊肉的香气，都神奇地被驱走了。

古时候祭祀少不得各色牺牲，用其香味召唤祖先和神灵，《楚辞·招魂》里有言："肥牛之腱，臑若芳些。和酸若苦，陈吴羹些。胹鳖炮羔，有柘浆些。"可见，一盘人间美味果真可以香得惊天地泣鬼神。我母亲似乎一早就领略到食物的高妙，说她的菜品摄人心魄并不是虚言。她是留着这一手，把亲人朋友往自己身边拉拢呢。

母亲还特别细心，每逢吃锅子，必做一盘水晶山楂，这是最受全家欢迎的一道菜，解酒除腻就靠它了。我吃过的山楂没一款比得上家里的惊艳。

○咆哮与舒展，甜与辣的哲学

母亲嗜辣，却做得一手好甜点。小时候根本没发觉，到这两年才知道，一个女人的情绪，全靠这"甜""辣"二味调节。我常见母亲一言不发坐在厨房餐桌旁看书、练字、织毛衣，火上往往炖着骨汤，或是煮着大枣红豆。这时候，谁也不忍打扰她，她必有心事，这心事牵扯着生老病死以及各色过节儿，她不能，也不愿把天大的事随随便便地说。这期间她做的菜往往由微辣上升至鲜辣，及至暴力辣仍不见封顶，那架势似乎意在把自己乃至全家谋杀。如果有一天，她突然做了一道油炸糕，那意味着她想通

江苏省无锡市江阴市顾山镇。年夜饭，是母亲们施展厨艺的舞台。摄＿黄丰

，一腔怒火已被一捧大雪压了下，天下太平。近几年我学乖了，会不时要求她做几只油炸糕，帮着她起做，大家开心。

炸糕这种甜品非得用糯米面才行，沙馅儿要自己调。虽然是一款不起的小甜品，但境界要比糕点店的巧力慕斯高得多。西式甜点有股子不节制的放肆，中式点心则含蓄委婉多。做这道点心要耗费的时间相当侈。首先得把红豆、大红枣清洗干，红豆要用水泡一整夜。隔天，红、大枣放一起，加水，煮两到三个小。待到水分全被吸干，起锅，然后全工压烂，途中往里加糖，加多少视人口味而定。馅儿做好之后，要准糕皮。其间又有一道蒸的工序。待到糕面出炉，要趁热把做好的豆馅儿塞进去，揉成团儿，压扁，然后投到油锅里用文火炸。母亲的手艺好到从不焦皮，炸好的油糕外脆里嫩，吃到中心丝丝香甜。如果嫌油大，可以放到蒸锅上蒸一蒸，油就会从皮上的气孔里跑出来，皮也恢复了柔软本色。心情不好的时候吃上一口，一条沙河便在嘴里肆意铺张开了。

有锅子，有饺子，有油糕，有山楂，东西虽少，但五味俱全。吃完用茶水清口，嗑着瓜子有一搭没一搭地说话，这时谁都不想操心明年的事，亦不想说后悔的事。旧岁已除，新年未到，这段时光仿佛偷来的，我们任性挥霍，心无挂碍。一年也只有这一餐，没心没肺的快活已成仪式一般。

咸甜卤辣都是年
浙江省嘉兴市桐乡市乌镇。味道的抑扬，全在乎心情。腊味是为浓情款留，甜蜜翻转幸福的回味。家人的小情小趣、大喜暴怒，在过年的时候，都值得微笑相对。
摄 _ 沈志成

祭祀与摆供

文/赵珩　摄/黄丰

今人常叹言过年没年味，我以为，年味消失的一个重要原因就是祭祀的日渐缺失。如今城里人过年几无祭祀，家庭向心力、仪式感和对先人的崇敬全部无所寄托、无从谈起，所谓“年味”，自然寡淡无味。

曾子曰：“慎终追远，民德归厚矣。”礼拜先人是延续数千年的中国传统。祠堂是传统宗族社会的核心空间，目前南方保留的祠堂比较多，每年多少有些祭祀活动。无论南北方，以前城里大户人家也多会设家庙、祠堂，每逢年节家祭，隆而重之。而一般人家就在自己家里面摆供。

礼敬祖先的重要程度远超新旧交接。如今过年鞭炮齐鸣的高潮，在除夕午夜交子时前后。过去鞭炮真正最热闹的时候是晚上六七点钟，那是开始摆供上祭的时辰。交子时的鞭炮声远不及六七点钟的热闹。

依旧俗，汉人与旗人的祭祀有异汉人讲究男尊女卑；旗人只有尊长幼之分，而无男女之别。以《楼梦》第五十三回“宁国府除祭宗祠，荣国府元宵开夜宴”例，贾府祭祀的主祭是贾母。长贾赦、居官职者贾政、静修者敬——荣、宁两府之直系男性皆主祭，都得听命于贾母。贾母虽女流，但辈分最高，所以有此担，而这断非汉人习俗。我家习半满半汉，清代旧设的祠堂曾在阳门内大街路南，民国后即废弃用，一般祭祀转而在家里进行。

有祠堂时，祖宗牌位可常年摆放；为一般家祭后，到过年时才在厅堂时摆设祖宗牌位。自我记事起，我祭祀已很简化。我记得几十个简易牌位，由木块底座和竖直固定其上倒U形铅条制成，移风易俗，因陋简，不知是谁的发明。缝制成小布状的黄绫子牌位签平常存置于木匣里，到祭祀时取用。每到家祭，小时候的我就负责往签条上套黄绫子封套。封套上是五世以内列祖列宗的名讳。我套好后不知次序，得由我父亲来摆。我家主祭跟满族不太一样，由作为独子的我父亲主祭。祭桌前有一个青铜的盘作为奠酒池，父亲手持铜爵，我用铜壶往铜爵内注酒。注毕，父亲将爵举过头顶，后于祭池奠酒。

奠酒以后就是行礼，过年时要行大礼——三拜九叩。跪叩于地下，磕三个头，站起肃立；再跪，磕三个头，再肃立；周而复始三次。跪时左腿微屈，先跪右腿，左腿继之；磕头不得如捣蒜，而是每叩一头，上身立起，再叩一头，再上身立起。现在许多影视剧中在行礼后往往有个合十的动作，实大谬。对先人的祭祀不用佛教礼仪。

供桌上要有五供，中间是香炉，两边蜡烛，再两边花瓶，是为五供。根据家庭的经济情况或者沿用祖宗传留下来的器皿，五供可以是铜质、景泰蓝质、瓷质。供时预先点好蜡，继而上香。上香时得三炷香一起，点燃以后分插三炷。牌位可能有两层、三层，只最前一排摆放碗筷。上菜时由用人持提盒传菜至门口，上供者为女眷，而非男丁，用人不能上供。我家上供时，由我的两位祖母和我母亲亲自端菜到供桌上。从开始摆供持续到撤供，香烛不能断，须得随时看护、及时更换。

我家过年时也烧锡箔和黄表纸。北京香蜡铺一年四季都有生意，售卖黄表纸与成品纸钱。我家一般买黄表纸自制纸钱：裁八寸宽，对折，剪一个半月形，中间再剪一个方形的小孔，打开就得一枚枚“制钱”。再买一摞一摞的金银锡箔，叠成一个一个的元宝形，中间拿线穿上，整齐有序成一串，得金银“元宝”。室内祭祀时，室外置一火盆，同时烧纸钱与元宝。此时鞭炮齐鸣，正是除夕傍晚六七点钟。

有的人家摆供摆到正月十五，我们家摆供较简，自大年三十下午开始摆，到正月初一中饭后撤供。三十晚上摆的菜品为鸡、鸭、鱼、肉和果品，没有炒菜。摆供祭祀以后，众人休息聊天，过一个多小时开始阖家吃年夜饭，供桌上的菜品撤下后加热，年夜饭时吃掉。撤供以后至夜，供清茶一盏。大年初一早上供年糕，中午供饺子，随后撤供。我的父亲既有新思想又注重儒家人文传统，他认为，祭祀主要不在其形式的隆重与否，而是为保留对先人的怀念。

以前，北京的饽饽铺（点心铺）售卖一种黏合在一起的“蜜供”，供祭祀时用。下大上小呈宝塔形，用鸡蛋和面，切成条状过油炸，用饴糖坨堆叠至五六尺高。有庭院的人家一般有“天地桌”，蜜供就摆在院子里。过了年以后把它砸碎，穷人孩子就去

例行的心意

浙江省嘉兴市桐乡市乌镇。祭灶、祭祖，整理供桌、陈列祭品，年年如此，例行的公事里，却载着厚重的心愿与祈求。愿另一个世界里，没有饥寒烦忧，更愿借神力，庇佑家人。

抢着捡食，是为“粗蜜供”。“精蜜供”为主人家自食，要精细得多，口感酥脆，饽饽铺里随时都有卖，但祭祀用的粗蜜供要在年前预订。

国家大典自是隆重，皇家、贵族和平民，不同社会阶层的祭祀活动各不同。过去有位穷秀才，孤家寡人，家徒四壁。年时，找块木板拿毛笔写上列祖列宗的牌位，没有上供的东西，就敬上一碗清水，碗还有破沿儿，贫寒至此也要保持对先人的祭祀。

我家从不祭鬼神，在我印象中，连祭灶都没有过，只有清明上坟、过年祭祀。清明时家中不摆供，端午、中秋小祭只祭直系近三代祖先。因我负责插牌位签，清楚记得过年祭祀要插三四十个，小祭就插我祖父、曾祖的七八个就可以了。另有我祖父的寿需要祭祀，比较简单；其忌日不祭。

我家的祭祀礼仪维持了很久，1964年开始简化祭祀，1965年风鹤唳，1966年“文革”开始，祭完全消失。

从清代、民国，直至20世纪50代，过年的礼俗先无太大变化，随由繁化简。尤其自抗战开始，一切向简化，祭祀活动亦随之逐渐淡化

近六十多年来，祭祀从简化到基本除，过年的气氛也发生重要转变。节礼俗的移易，从侧面反映了百年中国社会生活的断裂和异变。

祭灶果的进化

文/刘力铭

腊月二十三，灶王爷上天；上天言好事，下界保平安。

在我的家乡浙江舟山，祭灶并不复杂，点香，上贡品“祭灶果”，待到涨潮时辰，燃烧金箔。之后，灶王爷被塞了一嘴点心，迷迷糊糊地就上路了。

对于祭灶果的选择，外婆喜欢小摊贩们制作的糕点。那些糕点卖相淳朴，挤在不大不小的纸盒里，口味十年如一日。在母亲的童年时代，在腊月二十三这个节点上，听见新年越来越近的脚步声，心情渐渐狂喜。因为外婆总在祭灶过后，将祭灶果分成几份，安慰孩子们馋了许久的嘴巴。

在海岛冬季湿冷的海风里，酥香的祭灶果成了孩子们心里最享受的甜蜜滋味。或许是出于偏心，分给舅舅的那份，总会多几个油果。

岁岁年年，祭灶的习俗未变，每逢一天，家里的主妇都会提前出去买品。超市和蛋糕店，都会合时宜地出祭灶果套餐。在一个个精美的盒里，各色糕点整齐排列，被满怀期地端到灶王爷面前。传统的祭灶果油枣、麻团、豆酥糖、红蛋、白等，然而这些工艺简单、工业流水生产的商品，比之小商贩的糕点，了几分像模像样的意思。母亲向来买这种祭灶果，问及原因，她歪了想想，说了句“不好吃”。

这几年外婆竟也开明了，爽快地留一句话：“你们买自己喜欢吃的行。”瞧瞧，好像灶王爷是她家里吃懒做的老爷子一样，为免得他胡乱语，得闲时塞些不知名的果品，哄就行。灶王爷想必也颇享受这待遇。

去年，麻团因为口感不好，被洋气

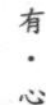

破例的好意
浙江省宁波市。甜味的、黏牙的糕糖，是大江南北祭灶必备。渐渐地，爱嗑瓜子的人家，就会为灶王爷多备一盘瓜子；花生也很好味；熏鱼您喜欢吗？……祭灶果的进化，无非是一种同理心的传达——我快乐，希望你也快乐。
摄 _ 林聪生

列罗“挤下”了灶台。一颗颗金光闪、滋味甜蜜的费列罗整齐地排在子里，宣告了自己对灶台的占领。

今年的祭灶果，母亲更是大方地摆了甜趣饼干。在她心里，“甜趣”个字的彩头相当不错，灶王爷既然督了我们一年，也该将我们家的变看在心底；灶王爷是个与时俱进的白人，吃了这么多年油果，也该生了，甜字当头，他就是再想偷懒，应当替我们家美言几句。

许，灶王爷并不在乎，是长的有几憨态的油果，还是时髦贵气的费列罗，哪个更能黏住自己那张嘴。而对大家而言，灶王爷可以是必须恭敬于心的神明，也可以是几把糖果就能忽悠的调皮可爱的老爷爷。就如同面对自家长者，孩子们总是喜欢挤在爷爷面前，争先恐后地将糖果塞给爷爷，爷爷就算咬不动，也会欣然接受。灶王爷或许也一样，希望看到的是千家万户像老友聚会时一样，摆出自己最喜欢的食物。

举头三尺有神明，一年来问心无愧的母亲，更无需顾虑灶王爷会说啥，挑喜欢吃的就行。而明年，我或许可以期待夹心蛋糕的隆重登场了。

摄＿陈光荣 黄小黄

台湾春节心意满

文/潘博成

在大江南北中国人一年中对食物最执着的这几天，“好吃”“好看”早已不能阐释这份至深的固执，人们更讲究的是“意头”——一个囊括了一切美好的宽泛概念。

美食从来都饱含心意，不单纯为味蕾而生，亦不独属人间。它还是沟通人神、跨越阴阳的中国方式——人需要表达对神明之敬意或对祖先的思念时，总是寓情于以祭拜为名的食物。

我们的故事从何讲起？台湾或是最合适的地点。

从“唐山过台湾”（指历史上由中国大陆向台湾岛的移民活动，“唐山”指大陆故土）到激荡的近代史，这座不大的岛屿意外地成了诸多族群共同生息繁衍的土地。移民的传统又不断与台湾文化交缠、碰撞与融合，建构了台湾人对春俗的集体回忆。

○遍寻中国年货，聊慰“外省乡愁

南门市场，是台湾北部知名市场。与游客熙攘的“中正纪念堂”仅隔街，却是另一番图景。这里没有闪灯，只有数不清的菜篮。刚至岁末这儿便已人声鼎沸，我与阿雅艰难行于人缝之中。自幼生活在台北的雅对此习以为常，“再过几天就挤进来了”。

隆记南京板鸭、逸湘斋、上海合兴团店、金华火腿店、快车肉干、南潮州粽子、龙潭伟星包子……招牌琳琅满目的地名，裹挟着美食的复气息，若非身边闽南话的买卖声不提醒着我，着实让我难以分辨自己下身在何地。

“这是台湾的春节？”我不禁嘟囔一句。阿雅没有直接回答我，倒是了一段八年前的采访经历。

时还是研究生的她，因课业来到南市场调研。一位由家人陪伴、坐着椅的老者引起了她的注意。一番对后得知，他正是1949年匆忙来台上海老兵，即俗称的“外省人”。年二十出头、从血雨腥风里拼杀而的小伙子，如今已是年逾八旬、必倚赖轮椅生活的垂垂老者了。

是南门市场的常客，每逢春节总会比置办年货，而他心里的年货，首必须有合兴糕团店的上海松糕，必是桂花的，包豆沙蓉。

他记忆深处，松糕是妈妈过年才舍弄的美食。松糕后来也成了他的台春节味道。如今，他与母亲早已阴两隔，但他仍习惯在每个除夕，摆块松糕，斟三杯清茶，燃三炷香，朝故乡所在的西北方磕几个头。在看来，这毫无规范可循的祭祀仪式最能代表新年的来临。

糕表达了他最隆重的心意——思念妈，即使无法再见。

月的斑驳让“外省人”的概念越发化，或终有一日它只能成为教科书的历史称呼。南门市场的这些“外美食”，在我看来也许只是一幅有变形，甚至有些滑稽的大陆美食地。可在很多寓居台湾多年、各怀故的中国人的心中，它们却是春节里最不能遗忘，可能也最令人感伤的美食。上海老兵的妈妈松糕、金华的火腿、湖南的腊肉或南京的板鸭，每个地名，每种美食的背后都承载着滋味浓郁却回味酸涩的心意。涉世未深的我，无法以任何一套传统概说这些心意，就且称它们作“思乡”吧！

○“粿”山“粄”海，得“闽客”中意

当然，几十年的风云变幻让南门市场不再纯粹是外省人的“记忆所系之处”，也成了闽南人和客家人（俗语合称“闽客人”）的美食集中之地。

市场深处的面点摊摆满了糕点面食。若非有阿雅，我一时半会儿还真看不懂这些样貌百变的食品。我唯一能准确识别的大概只有粿（guǒ）了。没料到的是，粿里规矩特别多，意头各有千秋。

“发粿”乍听玄乎，若说发糕想必人人皆知。在年轻台湾人看来，发粿算不上珍馐，但不少人都能说出个道理。平日的发粿可以“不修边幅”，春节祭拜时却绝不能有丝毫大意，粿上的裂痕必须绽得漂亮，够大，够深，才是意头够满。客家人称之为“有笑”，意寓来年兴旺发达。

现代台湾人还习惯在发粿中心插上饭春花——一支精致的剪纸装饰物。在

心意云集之地

台湾省屏东县车城乡。2013 年初。位于街市中心地带的福安宫，号称东南亚最大的土地公庙，也是恒春地区的民间信仰中心。台湾人爱拜神，新年期间的福安宫自是香火鼎盛，祭品荟萃。

摄 _ 黄剑

念兹在兹之味

台湾省台北市南门市场的合兴糕团店。不知道是不是因为两岸阻隔的时间定格在上海曾经代表东亚时尚的那个年代，台湾的“外省人”才会如此惦念上海的味道。年复一年，在异乡的新年，在乡愁的河里，且借家乡味道为舟一渡。

福佬话（俗称，一般指闽南语）里，“春”与“剩”同音，寓意“岁岁有余粮，年年食不尽”。过去，人们把饭春花插于剩饭，并称之为“春饭”，如今一些台湾人也会借着发粿烘托饭春花的美意。

菜头粿是闽南与潮汕地区对萝卜糕的叫法，菜头是“彩头”的谐音。食菜头粿，来年愿得好彩头。不过，台湾人最普遍的春节粿当数咸粿与甜粿了。前者又名包仔粿，丰富的肉馅饱含着期待“神明祖先庇佑，来年包金包银”的美好愿望。甜粿用料相对广泛，豆蓉、芝麻、花生乃至黑糖皆可。在春俗里，“甜美”与“好意头”几乎是同义词，是每个人都渴望的美好吧。

阿雅说，闽南人的粿就是客家人说的粄（bǎn），亦即我们说的糕点。她说，红粄应该是台湾意头“最华丽”的糕点了。这种又被称作“红龟粿”的食物，广泛用于一年四季的民俗。春节的红粄是最讲究的。因为红花米——一种可供染色的菊科植物的加入，红粄通体呈现出自然均匀的淡红。客家人还喜欢给粄捏出个又长又弯的“尾巴”，既像燕尾，又像古宅的燕尾脊，这是向神明表达敬意的方式，也是把心意送达神明的“捷径”。

对我来说，红龟粿最显著的特征是精美乃至奢华的“龟背”，或醒目的“福”“禄”“寿”，或象形地化图案的寿桃、元宝或荔枝，或是融纹、双鱼与松鹤，等等。就像雕版刷一样，木刻粿印是传统社会中人诉说这些心意的重要工具。这些来，能见到的实用物已多是塑料制印了，传统的木制粿印正在退出我的生活。粿印正在从各家铺子的镇之宝变成博物馆的镇馆之宝，这着令不少“老台湾”深感焦虑。

不过，粿或粄虽然心意十足，但若小心，也会把美意“吃坏”。闽南中“把粿煎焦”的谐音极似“赤贫赤”，为防万一，人们不会贸然煎粄粿，更不会以此法制作拜神祭祖食物。这是方言的力量，或说任何方水土，都有自己讲究的心意。这像广州人绝不敢以猪的“左手左脚”拜神祭祖，因为在粤语中它与“碍碍脚”的发音几乎一样。

○揣测神明心意，果品亦“拜拜”

南门市场绝非浪得虚名，一层楼便乎扫尽台湾主要春节食物。浏览“外省人”与闽客人的好意头后，我禁再度心生困惑：“台湾人有共同春节食物传统吗？”

当然！面前的水果摊便是答案。

凡到过宝岛的游客可能都有这样的

合興糕糰店
1-062
合興湯圓
芝麻湯圓
素芝麻湯圓
花生湯圓
鮮肉湯圓

“五果六斋”之寄愿
五果六斋本另有所指，意为桃、李、杏、栗、桂圆和六种斋日。在心意凝集的节日，这个词被用来表示丰足的传达心意的食品。上海红豆松糕、祭拜时绽裂的粿、红龟粿与橘塔……它们的用意是一样的，都希望人神安好，岁月平和。

验，在这里总能找到些之前从未见识过的新奇水果。不过对神明或祖先而言，口味好坏以外，还得讲究“礼数”。凤梨是台湾名产，也是颇受青睐的“拜拜”（俗称祭拜）果品。这得感谢它的小名儿——旺旺。就像发粿意寓兴旺发达一样，兴旺是人们永恒的心愿。

柑橘，因吉利的谐音，是几乎整个华人社会都会使用的春节供品。台湾百姓习惯以“柑塔”形式置于供桌，阿雅说她小时曾见过以19个柑橘砌成的壮观高塔。不过，寻常人家多习惯以五个或九个柑橘布置“柑塔”。但另一些台湾水果宠儿就“不受待见”

了：释迦（即番荔枝）因为太像首，当然不能用于祭拜；莲雾因为得内心空空，也不得人们欢喜；最趣的是，芭乐（即番石榴）和石榴为子多难以消化，容易令神明或祖肠胃不适，都被排除在外。

意头是“囊括了一切美好的宽泛念”，从“外省人”那杂糅了思亲痛的美好祝福，到闽客人种种“托物言志”的想象，甚至是作为老广笔者，或是年轻台湾人阿雅，每个群，每个世代，乃至每个个体，对春节之食都寄望了或多或少的意头

它是人们对来年美好的真诚想象，

讨祖先与神明的重视之意。中国人来有一种朴实的念想：神明与祖先是超凡的，唯有他们过得好，才能我们带来美好生活。

送君我须尽心，迎神我必躬亲

为神明和祖先准备的美食而言，完的心意还需考虑时辰。古人信奉，只在恰好的日子与恰好的时刻，才能神明或祖先顺利连线。若非如此，则祖先不会显灵，重则世人厄运连，这些按时按点的祭拜仪式活动便台湾人常挂嘴边的“拜拜”了。

春节而言，《新年歌》是人们记忆里的重要传统。有趣的是，各地的新年歌》版本差别颇大，倒也让我有机会看到地理空间如何调整着时规则，令食物呈现出各种不同的生力。

送神早，接神晚”是各地都循着的本时间逻辑。但这“早”可大有乾大官年廿三，百姓年廿四（即所“官三民四”），在各地基本一可是谁在廿五才姗姗送神呢？客人说是闲杂人等，潮州人说是疍当然还有说是道士、和尚或戏子等。总之，传统社会的三教九流者能最晚送神，而谁属于三教九流就乎地域而定了。

物本身却没有承袭这套规则，慷慨地让每个人都能寄托心意。送灶君是其中的重头戏。台湾人都会煮上一小锅甜汤圆，甜甜的还黏牙，无非就是希望灶君回到天庭，要么多说几句好话，要么就把嘴巴粘住，少说坏话。这算是古人们的“小确幸”（即微小而确实的幸福）吗？在台湾，送灶君不一定非要通过隆重的拜拜仪式，一些讲究传统的主妇会在年廿四清晨便将煮好的甜汤圆捞起粘于灶台，有封口之意。待甜汤圆干硬后，还要小心取下，磨粉保存。她们相信这是来年给吃坏肚子的小孩子止泻的良药。

但对葛玛兰人（台湾原住民的一支）而言，年前大事却是一项名为“巴律令”的仪式。严格说，巴律令仪式是祭祖而非送神，借此祈求祖先保佑家族幸运和平安。他们将打死的公鸡火烤，待全鸡羽毛烧尽，取鸡肝切小块，配糯米饭和白酒等置于灶台，祭祀祖先。入夜时分，全家以长幼之序逐一取上述食物祭祖，并将之放在厨房门楣处，供祖先尽情享用。

诚如《诗经》所言：“其风不同，其俗必异。”对台湾各地的百姓来说，神明或祖先在春节期间无论如何也不可怠慢，而透过这些曾被套以“迷信”之名的春俗，我们还能发现他们对食物的态度。如果说葛玛兰人觉得鸡肝神圣贵重，汉人的理解就直白许多。

“送神鸡，接神鸭”是老一辈的俗语。鸡能带路，因为它长得比较机

灵；而鸭看着有力量，所以帮神明背负归来的行囊。

这些依照时辰而对食物进行的“分工”，都源自百姓丰富的日常生活经验，外加一些传说想象，最终塑造了一套对待春节食物的时间观。

○大富及小康，礼拜“天公”不马虎

说到神明，正月初九的“天公诞”当然是一桩大事。这是所有《新年歌》里最固定的一日，“年初九，天公生。”阿雅说，她觉得那是老人家最讲究的一天，其隆重程度，甚至超过了除夕和正月初一。早在初七、初八，人们便要开始为之忙碌。

吴瀛涛，台北江山楼餐厅创始人吴江山之孙。也许是自幼耳濡目染之故，他对自家拜天公曾有一段细腻描述：“正厅排设祭坛，在长凳上垒高八仙桌为顶桌，下面另铺设下桌。顶桌供奉三个灯座、五果六斋、扎红面线，清茶各三杯。下桌为供奉从神，祀敬五牲、红龟粿等。一清早，全家老幼，齐整衣冠，由长者开始上香，行三跪九叩礼，祈福。拜毕，烧金纸、天公金、灯座，燃放鞭炮。天公生，亦有鼓吹队，挨户吹奏吉乐。”

“顶桌”与“下桌”的食物配置，是仪式中最不可马虎的部分。顶桌为天公之供品，阿雅说这只能为清素之的顶桌是最考验人的地方。久而之，人们构思出了一套道理。面线闽南人的佳肴，取其形态绵长而寓长寿，富庶之家还会制作甚为壮观“寿桃面线塔”。糖塔是顶桌大礼有登高上天之意，其层次惯用三或等奇数数目，也取甜味之永康美意。麻粩则是闽南人很熟悉的点心，它合了香、松、甜的复合口感，被人猜想为天公所喜好的口味。

若说前几项重在心意之巧思，菜碗要的则是心意的实诚了。二十四三十六，是最常见的数字，金针、耳、香菇、绿豆等皆可纳入。下桌供品因为得顾及天公之所有部属，必须得生鲜、全面和足量。大户人以全鸡、全鸭、全猪、全羊和全鱼牲为食物，普通的小康之家就简为鱼卵和猪肚等较为平民化的内容。“天公生”可令我们感叹，中国人寓于美食的心意逻辑其实并不繁复，或取其形制、发音与典故之巧致，以分量和规格的隆重盛大为准则。

但论以分量表达心意之“重”，我必须暂别台北，去台湾中部的东势客家庄。东势客家人在元宵节的集体活动不是赏花灯猜灯谜，而是举家“看大粄”。是日，大庙里长条形供桌上放着一只只大小不一的红龟粿，周围人头攒动，纷纷议论“谁家的最重”“哪家最大”……传统上，只要家里在头一年有新婚、新丁或新孙

喜，皆可参加这场“大粄赛”；而事裁判方式最简单不过——最重者王。据说这些年最重的大粄已超18千克，堪比三四个婴儿的体重。“大粄赛”是东势客家人谢神的要仪式，分量是大家表达虔诚的主方式。

托神灵的福，围炉更添美味

食的心意，为谁而生？为神明亦为先，他们都是人间无法触碰的存。我们为了抒发自己的敬意或虔诚意，让各种美食有了自己的故事，得不再简单。这些故事又伴随着春，渐渐内化为我们每个人心中的传。同时，“移风易俗”从来不会停止，但这绝不意味着人们忘记了对祖先或神明的敬意；更确切地说，是人们不断在寻找着最适合自己的美食语言，牵起情思。

对于大部分中国家庭而言，“先拜神明”也好，“后拜祖先”也罢，供桌上的心意美食基本都会成为家庭餐桌上的菜肴。对贫苦人家而言，这是一年中最奢华的宴席，与其抽象地说是神明与祖先馈赠了这场家宴，不如说是神明或祖先为人们创造了一年一次抒发心意的机会。这份心意虽以祖先和神明为名，终将回到虔诚百姓的日常生活之中。在我的记忆里，每顿年夜饭，桌上总少不了拜完祖先后从供桌上挪到餐桌上的斋菜。外婆总会叮嘱每个人：“都要吃点，那是拜完老

驱疫辟邪之祭典

台湾省屏东县东港镇东隆街东隆宫。东隆宫是台湾南部王爷信仰重镇与东港的信仰中心，主祀温府千岁。在每三年举行一次的王船祭中，人们会建造华美富丽的王船，经过繁复的宗教仪式，最后将王船火化。人们希望借此带走乡中的瘟神疫鬼。

摄 _ 彭年

祖宗的菜。”话语虽然朴实直白，但我们都明白，清素的斋菜因为外婆对祖先满满的心意，而变得珍贵吉祥。斋菜就像中介，传递着我们对祖先的心意，也承载着外婆对这一家子的祝福。这就是我们的生活哲学，也是为何美食总能送去心意。又带来心意的奥妙。

其实，神明与祖先还有另一套致谢人们心意的方法——年夜饭。

我们再次回到南门市场，去追寻最后两家熟食摊。逸湘斋和亿长御坊是两家难分伯仲的老字号，一年四季都在为人们提供各种菜色。它们为我们拼贴出无法再完整的台湾围炉（年夜菜）食谱。

长年菜亦叫“隔年菜”，是台湾人春节期间对芥菜的美称。不算起眼甚至略带苦涩的芥菜之所以成为台湾寻常百姓家的地道年夜菜，正是因为长年累月的春俗仪式不断让人们记住：芥菜代表着长寿绵绵的意头。

五柳枝鱼则是另一道由“拜拜”而来的台湾围炉名菜。全鱼是五牲中必不可少的一味，又因它相对便宜，基本上家家户户都会备上炸全鱼作为供品。过去的穷苦人家哪里舍得将炸鱼就此弃置呢？可炸熟的鱼久置后又不再鲜嫩，台南百姓便试着用洋葱、竹笋丝、猪肉丝、红萝卜和葱丝（即五柳枝）爆炒成卤，搭配炸鱼食用，没想到另有一番风味。如今这道菜已不少台菜餐厅的大菜了。

阿雅说，最正宗的五柳枝炸鱼当出台南，那里还有另一道围炉菜——片鸡。这是收录于《随园食单》中一味菜式，与老广的珍馐——白切颇相像。但台菜白片鸡与广式白切似乎“形似神不似”，全因彼此有着不甚一样的源流。

台菜白片鸡的发明源于五牲之全鸡。为了让神明与祖先食之有味，全鸡必须入水焯熟。如此一来，鸡肉的肉质和口感都变化不小，人们为了使之依然好味，便将之片成薄片，施咸鲜佐料点蘸，便成佳肴。

更进一步，作家陈淑华在《岛屿的餐桌》一书中曾描述了她家供桌上的白片鸡演变成一品锅的趣事：“供桌上那只父亲与众祖先享用过的鸡，被母亲放入炖锅的滚滚热汤中，与其他食材互相激荡，煨出一锅浓得化不开的奶油白。”对陈家人而言，之所以能尝到一品锅，还得益于母亲在台湾的江浙菜名店“秀兰小吃”打工的经历呢。

神明与祖先让台湾的围炉更添美味，让老百姓的日常生活有更多饱口福的机会。像是如今风靡宝岛的黑糖糕，在老人家看来不正是从发粿演变而来的吗？许许多多的围炉“意头菜”，随着人们生活的富庶也渐成百姓平时

团圆相守每一年
台湾省嘉义县。有人说年夜饭之前烧纸钱祭祖，显示的是一脉相承的中华文化。其实，窗花、春联、倒贴的福字，七盆八碗，满载的美味，这些都是必需的，最重要的是，团圆相守，阖家欢度，这些都是中国年的应有之味。
摄 _ 吴景腾

的住家菜。

拜拜，用美食向神明与祖先传递了人们的心意。而神明与祖先不曾贪婪，他们总会原封不动地将这些蕴含着美好心意的食材回馈给虔诚的人们，让人们享受这些兼具自己心意又包裹着神明与祖先祝福的美食佳肴。

所以，美食的心意，为谁而生？为神明，为祖先。而祖先与神明会将之回馈人间苍生，让饱含心意的美食也为苍生百姓而生。

许久以后，我依然在思考着在南门市场时面对阿雅的困惑：这是台湾人的春节吗？越发觉得这个问题永远都不会得到精准答案。

倒不如说，这是整个华人社会的共有传统。虽则食材繁简不一、寓意有别，但我们都认定了这个道理：人、神明与祖先，共同分享了这份春节珍馐。

纵使时光的流转令年俗变化万千——革新的，坚守的，消失的，或是鲜活依旧的……但在我们记忆深处，对神明与祖先的敬重始终难以改变。人们总能找到自己的美食诉说心意，让你我，与神明或祖先，在春节的特定时刻开启一次对话。

江西省赣州市宁都县石上镇。“添丁炮”是此地年俗，为庆贺添丁，于正月十四在有新生男婴的人家举行。摄 _ 谢吉祥

陕西省渭南市大荔县阿寿村。村民制作的在农历二月二用来赛花馍、拜药王的面花。摄 _ 冉玉杰

镜头里的美意

摄 | 赵礼威 李勇

· 炒米，你不留意的守岁时光里，所有的满意与疼爱

· 红龟粿，毫无争议的偶像

· 七件子，金银满钵，浓墨重彩的大手笔

· 枣兔兔与枣山山，加油！少年郎

· 大糍，请你充盈、丰沛，一如既往

· 发糕，发起喽！发起喽！

· 生腌血蚶，二翻合赚，成倍收获

生腌血蚶，二翻合赚，成倍收获

文／邓洁　拍摄地／广东省汕头市　制作者／张新民　吴镇城

蚶（hān），在中国的地理版图上分布广泛，北到辽宁，南至广东沿海，都盛产这种贝类。它外壳坚厚，呈灰白色，饱满膨胀，两壳抱合接近球状。

冬天是吃蚶子的好时节。海水温度下降，蚶肉肥厚，充盈整个贝壳。汆烫即食是最简单而保持原味的做法，至于是不是地道，就要看火候的把握。烫过了，蚶子张大嘴，蚶肉里的血色凝固变黑，大失原味；烫嫩了，蚶壳难开，蚶肉未形成包浆。最好的就是凝成紫红色的血块，包衣不破，咬一口，腥咸的汁液爆浆而出。

血蚶的中文学名是银蚶。原味的血蚶用70℃的热水烫一下捞起，即可食用。如果要吃更入味的，要用酱油、蒜头、花椒、辣椒、芫荽、料酒，生猛地将血蚶全面覆盖，腌上四个小时后食用。生腌，是潮汕人对海鲜任性而智慧的做法。食材新鲜自不必说，腌制时间控制在20小时以内，腌料掩盖浓腥，足够杀菌，又不至于太过深入，可以保留最鲜美的滋味。

在古代中国，贝壳就是货币，就是钱的象征，这便得到了讲意头、重口彩的潮汕人的青睐。一粒嗑完，一掰二翻，以为合赚，成倍收获，“蚶壳钱”堆满桌！年夜饭上吃下来的蚶壳，不能马上丢弃，要收集起来，堆到房门后，或放到床底下。一直到大年初五再收拾起来，潮汕人相信这样可以“旺财”。

大糍，请你充盈、丰沛，一如既往

文／邓洁　拍摄地／广东省江门市鹤山市古劳镇　制作者／任惠连　文艳君

广东省鹤山市古劳镇的除夕团圆饭后，一家人都要守岁。尚武的古劳男人们谈天说地，耍拳弄棒；小孩子们挨家串户舞花灯，唱卖懒歌；妇女们则要聚集起来，在十二点之前完成新年的应节食品——大糍。

大糍与煎堆相仿，也是一种用糯米粉团制成的食品，只不过大糍是空心的。吹大糍是技术活，粉团要捏得均匀，没有破损，一口气吹进去，迅速捏住封口。在姑婆们的带领下学会吹糍，是新媳妇的必修课。吹过的糯米球放入温油中不断翻滚拨动，气体受热膨胀，原来五六厘米直径的大糍能在两分钟内胀起变大，手艺好的妇女可以做出直径30厘米的大糍。大糍又起又发，在广东话里就是“又喜又发”，这时候，妇女们都会围拢过来看大糍发起。做成的大糍金黄中带嫩白，很是可爱好看。

有一种说法，大糍形如女性的乳房，新媳妇大糍做得好，预示着奶水足，能更好地哺育孩子健康成长。大年初一的早晨，大糍将由媳妇摆放在祖先的供案前，这是广东人对于多子多福的美好希冀。

红龟粿，毫无争议的偶像

文／何是非　拍摄地／福建省厦门市　龟印制作者／潘海员

龟粿制作者／郑元兴　郑同海　邱淑英

在福建厦门，每逢年关祭拜，家家户户都会供奉、分享造型独特的粿饼——红龟粿。制作时将糯米粉用红曲米等染料浸红，加入白糖和水搅拌、揉搓成米粉团。包上花生仁和黑芝麻制成的馅料后，用特制的龟印压出寿龟的图纹，再放进笼屉蒸熟。做好的红龟粿如同一只只颜色红亮、纹理精致的寿龟，开年讨得好彩头。

龟在闽南文化中象征着吉祥、长寿，当地人过年、祭祀、做寿、礼佛，甚至小孩满月，都会做一笼红龟粿祈福。厦门民间以雕刻龟印为生的匠人，至今传承着旧日的民俗和手艺。一把龟印，刻有寿龟、寿桃、龙凤、铜钱等多种纹饰，一雕一琢里都寄托着人们的期许。

和大人相比，孩子们更喜欢红龟粿Q弹（闽南、台湾地区方言，有弹性的意思）的口感和充满果仁香气的甜糯。供奉过后，这些被视为赐福的食物，常常被孩子们一抢而空。

七件子，金银满钵，浓墨重彩的大手笔

文／邓洁　拍摄地／江苏省苏州市　制作者／潘晓敏

苏帮菜以精致著称，选料上乘，制作考究。在苏州人的团年饭或喜宴上，有一道必不可少的“三件子”。“三件子”即整鸡、整鸭、蹄髈，三者合锅炖煮。有三件子的宴席一般都有一定的规格制式，有所谓“四六四”之说，即四个冷盆、六个热炒，最后有四个大菜——整鸡、整鸭、整鱼，再加酱方或蹄膀。

顶级的宴席则更为大手笔，凑足了“七件子”。苏帮“七件子”由麻鸭、草鸡、鸽子、鹌鹑、鸽蛋、火踵、蹄髈（后二者合称“金银蹄”）组成。麻鸭体形小，没有腥臊味；草鸡肉质细腻鲜美；鸽蛋带壳水煮到半熟去壳；火腿分为火爪、火踵、上方、中方和滴油五个部位，火踵一般带皮整料使用；单独的金银蹄，原本就是一道名菜，双蹄同炖，汤稠味醇，一红一白，犹如金银。从“七件子”的选料上就可以看出，在春节这样的时刻，人们会将所能搜集到的最好的食材汇聚一炉，竭尽所能和倾其所有地表达对家人的慰劳和犒赏。

用一只特大号的砂锅将七件子装起，放葱结、老姜。大火烧开后，取走葱姜，洒点料酒，撇清浮沫。然后，由专人看管，在煤球炉上慢火焖炖十多个小时。

需几人合伙抬上桌，“七件子”的隆重出场很容易吸引所有人的注意。揭开锅盖，满屋香气，氤氲招摇。舀一碗细看，汤汁乳白醇厚，入口肥腴滑润。“七件子”在精致的苏帮菜中显得粗犷实在。

发糕，发起喽！发起喽！

文／何是非　拍摄地／浙江省衢州市龙游县　制作者／方飞　王志元　王根香

在浙江省衢州市龙游县，一笼白嫩、绵软、甜糯的发糕是大年夜的主角。每年农历小年过后，当地人就开始准备过年吃的发糕。将糯米和粳米按照1:10的比例混合，浸泡三天三夜，漂清后磨成米浆，再压干制作米粉。在米粉中加入白糖、自制的酒酿以及切细的猪油拌匀。大年三十清早，将面团放进铺好箬（ruò，一种叶片宽大的竹）叶的蒸笼，在烧着小火的柴灶上缓慢发酵。

四至六个小时之后，就到了检验主妇手艺的时候。大年三十的午后，检查发糕有没有发成，是一家老小最紧张的时刻——发糕发起的高度正好与笼屉边缘持平，表面平滑而没有塌陷，是一笼好发糕的重要特点。发糕发成预示着来年一年的好运，全家人都会庆贺："发起喽！发起喽！"

发酵后的发糕继续加温蒸熟，外表和形状不会再发生变化。米粉的配比和火候共同决定龙游发糕绵软黏糯的质地，酒酿和猪油的加入则赋予它柔润腴滑的口感。

炒米，你不留意的守岁时光里，所有的满意与疼爱

文／邓洁　拍摄地／安徽省安庆市　制作者／蒋立强

鸡汤泡炒米是长江边安庆人的年俗。先要用70℃的热水，将上等糯米浸泡四分钟后沥干。“炒”的工具是一把用细竹扎成的帚。帚头沾一点菜籽油，沿锅底绕一下，然后放半碗糯米，不断划动拌炒，直到炒米表皮皲裂，通体金黄。大南门的毛头炒米每天早上五点就开门，在店口支起大铁锅，一炒就是一天。炒制时，米粒和铁锅碰撞出哗哗的声响，伴着焦香，总是能吸引路过的人。

除夕守岁的同时，将老母鸡在砂锅里煨一夜。初一晚起，炒米泡上鸡汤，再配一只入味的五香茶叶蛋，全家一人一份。在走亲访友的春节里，炒米也是招待客人的点心。如果有新女婿上门，由岳母夹一只鸡腿放到碗里，无须言语，所有满意与疼爱都在这一碗鸡汤泡炒米中了。

现在也有油炸的炒米，口感更为酥脆。但是老安庆人还是钟爱炒出来的炒米，要的就是那种脆中略硬的咬头与嚼劲儿。

枣兔兔与枣山山，加油！少年郎

文／邓洁　拍摄地／陕西省榆林市吴堡县　制作者／王秀

春节前蒸年馍的习俗在中国北方一直盛行，并承载着各种寄托和美好的愿景。陕北的冬天，蔬菜等食物非常有限，主妇们都会制作花样繁多的面食。尤其到了春节，面食的形制和作用变得更加繁复讲究。

秋天一过，枣树掉光了叶子，家家户户都在窑洞前晒枣，这是陕北农民入冬前的最后一桩农事，丰收的人家可以获得一笔可观的收入。而用枣提亮的枣兔兔与枣山山，也是过年必备的面点。

将白面搓成长约15厘米、宽约4厘米的扁条，把两颗大枣缠上，两头一捏，稍微修剪，一只红白相间、栩栩如生的小兔子就诞生在陕北妇女的巧手中。做成兔子的形状，是因为希望家人，尤其是娃娃，在新的一年像小兔子一样蹦蹦跳跳。能跑能跳，自然就是身体健康、无病无灾的意思。

奶奶念叨着“吃兔兔，跳兔兔”，带着小孙子，用火柴做的笔，手把手地给每一只枣兔兔点上红。

枣山山的作用就要重要很多。腊月二十三送走灶神，正月初四再迎回各路神明，在此之前，家家户户都要去求村里最巧手的妇女，捏几个枣山山供给灶神。上供这天，要把灶头里里外外都打扫干净，清理炉膛里的灰。点上香，再祭出枣山山，期盼灶神保佑一家吃饱吃好，来年平安。

中国人向来有着一种朴实的念想：
神明与祖先总是超凡的，
唯有他们过得好，
才能给我们带来美好生活。

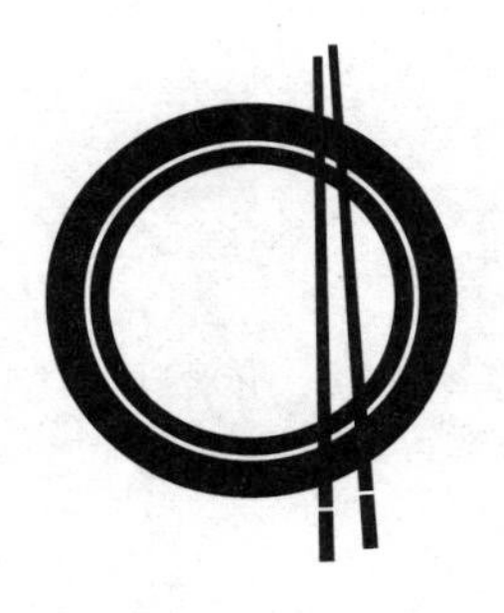

饕·餮

饕餮盛宴，要在反对日常

文/般罗毕

○即便不时被点亮，依然冗长，让人恍惚

一年最后的那顿饭，与一年四季中每天的一日三餐，有什么区别？

年夜饭那顿饭，是没有尽头的宴席。那桌面似乎永远都会那样摆下去，你离开桌子，回到椅子，到床上去，睡了一觉，第二天又来到桌面，上面又摆满了各种饭菜，似乎你中间的看电视、闲聊、打牌、睡觉，只是暂时的离席，是那一顿漫长的饭中间的间隙而已。第二天太阳升起，一场宴席就继续了。

从我有记忆开始，那是20世纪80年代的初期，那时候，所有从年夜饭的桌面离开的时刻都是模糊和煦的，如同入睡一般蒙在一圈饱食的光晕之中。但从80年代中的某一年开始，年夜饭后的离席变成了清晰可辨的事件。当时我和表弟在我外婆家吃年夜饭，吃到半饱，听到外面巨大而清晰的爆炸声，被几十台饭菜熏得满是雾气的窗玻璃也在震动，与此同时，整个窗户和外面的天空都被瞬间照亮。

嚯，原来是有人在放焰火。这可是我生平第一次看到夜空被照得这么明亮。之前看到焰火，都是国庆，在黄浦江的西侧有隐隐约约的烟花，那是市政府组织燃放的礼炮，离了好几公里，看到的只是天空中邈远的图案而已。成群的人从浦东跑到浦西，去城里看礼花的年头，在我读小学之后就不知不觉地消失了。

应该也就是1986、1987年左右，我们自己家的窗玻璃就被近在咫尺的烟花照亮了。我和表弟信步来到屋外，那是我第一次看到自己头顶的天空像爆炸一样被照亮，瞬间之后

归于灰暗；又一声爆炸声之后，空的另一处又被点亮。这个忽明暗的游戏反复了一二十次。当我眼看着邻居的烟花最后扑哧一声也射不出炮弹，正打算回家的时，天空东侧的角落又炸开了，红、黄色一下一下地照亮。于是，和表弟便往东边的天空下走去，了没几步，眼看着东边忽闪的亮也隐隐约约地灭了。说隐隐约，是因为之前“砰砰”的一下下得如探照灯一般明亮，现在那一下的“砰砰”都没了，把夜空云都显出来的爆炸也没有了；但一一闪的明灭还有，我往那个方走，原来那是之前隐没在一团烟后方的另一团烟花。当我走到那烟花的下方，光亮早就消失了，砰砰”声留下的火药味倒是还飘在凛冽的寒风中。但这时候，我现自己已经来到了一个完全陌生世界，这里的房屋、道路，都是之前所未曾到过的。

在我琢磨怎么循着天上已经灭掉烟火余痕走回家的时候，我面前堵围墙的大门打开，地上是一个然冒着烟的纸盒子，刚才的烟花是从这个其貌不扬的东西里窜上去的。一个男人喊出我的名字：小伙子，你怎么在这里，你爸怎不来啊，叫他来一起打牌呢。”时候，我隐隐约约记起他是我家某个亲戚，但又不十分清楚究竟什么亲戚。但不容我犹豫，我已经被拉进他们的客厅，“来来来，一起吃一点吧”——一整桌的鸡、鸭、鱼、肉，还有热气腾腾的百叶包粉丝汤，对我张开了双臂。

粉丝差不多捞尽的时候，我想起自己家里还有一桌年夜饭没吃完呢。于是，“亲戚”一路为我引路，带着我回到了家中。到了我家，我父亲看到来了久违的亲戚，“来来来，一起喝一杯吧。这里还有酒酿汤圆，趁热喝”。是的，年夜饭还没吃完呢。

○是原始的“夸富宴”吗？是为了羞辱和毁灭吗？

从形式上看，年夜饭是大吃大喝，吃个没完没了，可这并不是一个纯粹的吃饭问题。从营养、热量所需而言，年夜饭显然是远远超出了正常需求量。即使从满足口腔刺激的角度来说，也没必要连着十数天，天天坐在桌面上吃那些大盘菜。即使菜的种类再多，也会很快吃厌。实际上，年夜饭早已从一种简单的生理动作，上升到一种精神生活啦。

这究竟是一种怎样的精神生活？

春节作为一种节庆，绝不单单是一个民俗。大吃大喝，在人类的历史上可谓源远流长，是一种极为古老和原始的行为模式。这种人民群众喜闻乐

新春大吉
春風入喜財入户

火光的味道

山西省运城市芮城县。2010年除夕。大人忙着年夜饭，孩子们在院子里玩花炮。对年的记忆就是这样，有摇曳的红火灯光，有爆竹的硫黄味道，还有在等待着我们的、似乎无穷无尽的舌尖美味。

摄 _ 刘潇

见的习俗在美洲的印第安人中就能找到。过去他们居住在现美国阿拉斯加南部以及加拿大不列颠哥伦比亚省和美国华盛顿州的沿海地区，在某些节庆中的铺张浪费达到了如痴如狂的程度。即使和现代消费者的经济水准相比较，印第安人的这种铺张现象都是有过之而无不及的。人类学家（比如《礼物》的作者马塞尔·莫斯）对它的解释是“夸富宴”。那些雄心勃勃争夺威望的人，竞相举行盛宴，进行炫耀，看谁提供的食物数量最多。如果举办夸富宴的是一个强有力的头领，他就要毁掉食物、衣服、钱财，有时甚至烧掉自己的房屋，以此来树立自己的威望，羞辱对手，并取得其追随者们长久的敬佩。

浪费食物，被认为是财富和能力的标志，耗费最多者，就能获取威望。这在一定程度上可以解释大摆筵席请客吃饭这种习俗的由来和动因，也将没有必要的节庆吃喝放在了一种权力和社会关系中来加以解释。但很多节庆大餐中没有客人，主要是家人内部的聚餐，一家之主早就确立了长幼尊卑的权威，何必在年底又要破费银子来证明自己呢？

○满足皮囊，为了摆脱永无餍足的皮囊

事实上，在古代，以把客人们都灌倒、吃撑为目的的请客吃饭，只是部落酋长这样的高级阶层才会有的行为
式。对于更多普通的人类而言，聚餐
会大吃大喝，但其目的和内在要较
那股子劲，不是吃倒对手。这种围在
塘边的家庭或家族聚餐由来已久，
印第安人的夸富宴要早上万年。

在捷克摩拉维亚（Moravia）的采
场古遗址洞穴中，就发现了家族聚
的证据——火塘。这些火塘在不同
时间段被反复使用，是两三万年前
人类采集食物之后聚集的地点。火
边还有贝壳和牙齿串珠装饰，甚
有被挖空了的兽骨——据人类学
马丁·琼斯（Martin Jones）的
断，那是数万年前的笛子。这些火
也是小部落和家族每年定期集聚的
方——洞穴人类围着火塘，一边分
食物，一边唱歌、跳舞，祭祀祖先。

大吃大喝，是与唱歌、跳舞、祭祖
并列的活动。单是举行一场超出一
三餐的吃喝，就有一种奇特的精神
心理效果。通过反复反复再反复的
吃喝喝，通过反常的生理动作的重
和延迟，可以把人类的生命从自然
生理节奏中解脱出来，进入一个更
久的时间之中，虽然未必是永恒。

何谓自然的节奏？生老病死，一
三餐。

张嘴吃饭，是因为肚子饿，感觉肚
饿是因为你的血糖值低，你的血糖
低是因为你之前摄入的热量已经消

异常的热闹
福建省龙岩市连城县罗坊乡。“走古事”是客家人闹元宵的活动，将天官、武将、李世民、薛仁贵、刘邦、杨六朗、杨宗保等人物用棚抬出，竞赛奔走，谓之“古事”。每棚古事需66名抬夫，三班轮流，场面盛大。人们在热闹里，忘却日常。
摄 _ 王牧

了十之八九。于是，你的整个行为和生命都在一种纯粹生理呼吸一般的能量循环中，这种循环就把你捆绑在一个“自然—动物”的生理节奏之中，你所有的时间、精力和活动，就是为了满足这个节奏和循环。佛教的所谓臭皮囊和涅槃，就是要把人从这种自然生命节奏中斩断脱离出来。但在宗教之外，其实人类在世俗社会中同样有着种种与自然链条“较劲”的心理和动向，过节大吃大喝就是其中一种，在中国甚至可能是最主要的一种。

○扑火本能，背对寒冷、黑暗与孤单

春节年夜饭，其实就是一种火塘宴席。这种聚餐有着一个汇聚的中心。在电力时代之前，这个中心就是火。在贵州省黔南布依族苗族自治州荔波县，我曾经在寒冷的夜间经历、体会过火塘。尽管位于北纬26度以南，紧邻热带边界的北回归线，但是在春节前后，在山里，到了傍晚，空气中的冷还是锋利地往我身体里切入。我被当地老乡引到一片火光之前，那就是他们当地的聚餐餐桌——火塘。那是进门之后侧面的另一间屋子，整个房间被摇曳的火影搞得晃来晃去，中间地面上架着柴，烧着火。在火上吊着一口铁锅，里面滋滋冒着油的是一锅蘑菇鸡块。在铁架子上还有一个小碟，扣在一个铁丝圈里，碟中是香油和盐。每个人直接捞了鸡块，在碟子里蘸着油和盐吃。有人塞给我一只碗、一副筷子，我就加入圈子。

这火，制造了一个与此前经验完全不同的世界。面朝着火光，我的脸越来越热，但我的背部仍时常能感觉到屋外渗入的冷风。我越来越清晰地感觉到自己的脸、双手、胸部和肚子，因为这些部分正在发烫；也越来越清晰

认认真真把“岁”做好
福建省莆田市。莆田人称过年为“做岁”，意思一样，但是气韵不同。特别讲究了一个“做”字，只有这样，才能将家的感觉、年的气氛，气宇轩昂地表达出来。
摄 _ 徐学仕

地感觉到自己的脊背、双腿和双脚越来越冷。这时，我看到火塘边有人开始转过身去，烤自己的背。圈子里的人们始终围绕那一堆火，我们的整个身体、感官和精神都被这寒冷和黑暗中的火所吸引，我们的热量都来自这个中心。

火塘也是整个夜晚和整个世界的中心。这里有不断跳跃变动的光，这种持续的刺激足够让眼目得到整夜的乐趣。火塘边上还有茶罐，茶水沸腾，茶香在整个四壁透风的屋子里飘散。火塘中不断变化的食物，圈子中的谈话，信息总量之密集，也足以与外部的整个黑夜相抗衡。这是一种空间上的人造节庆和狂欢，人类用火抵御整个自然世界的空旷、黑暗和寒冷。

○当刺激唾手可得，刺激变得刺而不激

在整个夜晚和空间都被普遍照亮的电力世界，这种围绕着一团火来庆祝、狂欢的形式便日益变得边缘化了。但我们的眼目对于光亮的热情并未消退，只是演变成另一种形式，比如焰火，比如城市景观灯光。2014年底跨年之际上海外滩的踩踏事件，便是由数万人为了看一眼江对岸倒计时亮起的灯光而引起的。城市是这个星球表面灯光最为密集的空间，人们犹如昆虫一般投入这个光巢。19世纪中期，巴黎和伦敦相继使用煤气灯作为路灯，将城市24小时点亮，当时所有最敏感的天才都被这个人造光城的场景所吸引。波德莱尔说，巴黎街

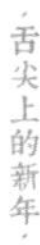

的煤气灯在傍晚一盏接一盏点亮的候，那是一种奇特而神秘的仪式。我之见，这个仪式便是人类将自己自然动物时间升格到了一种半神时。从日出而作、日落而息，到夜间明亮如白昼，人类从此彻底摆脱了然光照带来的生理作息节奏。而在间，除了若干不幸加班的人，通宵旦的几乎就是种种娱乐。

是，一旦感官的刺激变得唾手可，这刺激带来的特殊时间感也会变平淡。当然，这本身绝非一种错，而只是一种问题，它表明人类感的边界需要新的拓展。对于如今城市人而言，春节变得不那么有年，不那么热烈，也就可以理解了。

放下日常，才是过节的本义

年之前的春节，我出差去北京东北的一个村子，这个村子至今保留了节之后要摆百家宴的习俗。正在我的汽车进山时，大雪开始降落。等来到村中，村里一片漆黑，只有几盏烛忽明忽暗。原来大雪压断了电线子，整个村落停电了。

黑睡觉之后，第二天清晨的阳光特明亮，即刻将我惊醒。在外面的一雪地中，百家宴已经开始。那是摆村头的数十口大铁锅，底下的柴熊熊烧着。每一口锅里是几户人家同准备的饭菜，其实大致差不多。能放大锅里煮的，就是那几样——猪肉、粉条、大白菜，只是配菜略有区别。

端着村口发放的大碗，来到任何一口锅前，都会有人给你来上一碗猪肉炖粉条。大锅炖的，格外香醇。正在我们把头埋在碗里时，在一片雪地中，居然有汉朝的公主在和我们打招呼。那是村里请来的戏班，在露天的台子上表演，背后是积雪覆盖的群山。

在大雪天凑在一起吃大锅饭，除了让人群互相交际之外，即使如我这样的外人，也感到一份奇特的热度和欢乐。这其中的秘密，源于我们最初的祖先，已潜伏于我们的脑神经里上万年。

回到我们之前提及的洞穴火塘，那里正是最初的百家宴之地。远古人类在狩猎之后，在一个部落内部分享共同的猎物和食物。这种分享，使得每一位成员在这个聚餐时刻摆脱了饥饿和孤单。于是，他们的世界从匮乏转变为丰饶，精神从惊惧转变为欢快。人们从日夜劳作的节奏中摆脱出来，快乐地成为自己的主人。也正是在这里，他们的日子变成了节日，而不再是紧张焦虑，和克制自己欲望，总需要在完成某个任务之后间接满足自己目的的日常时间。day（日子）不再是那个daily（日常）的day，而变成了holy（神圣）的day——holiday（节日）。

浙江省嘉兴市桐乡市乌镇。“十家为邻、百户为坊”的古镇，过年时的百桌宴热闹欢腾。摄 _ 黄丰

何以解忧，唯有吃喝

文／沈宏非

○大吃大喝为克“年”之利器

每年的十二月份一到，好事就接踵而来，而且来得是那么自然，用不着开什么人头马，只消乖乖地坐等即可。

这些好事全部是节日给我们送来的。

凡有节日，必有饮食。节日乃一年三百六十五日里某些具有特殊意义的日子，节日的饮食，则是一年一千零九十五餐中具有特殊意义的几餐。缺乏特殊意义的节日饮食或者没有了饮食的节日，犹如省略了性行为的新婚之夜，都是不健康、不道德的。

春节是中国所有节日里最大的节，大年三十又是春节假期中至为关键的一天。众所周知，这至为关键的一天又是从天黑以后、一家人在饭桌前聚齐的那一刻方告开始的——年夜饭的特殊意义，不言而喻。

年夜饭，广东人叫团年饭。不过，除了这种程序上不容置疑的特殊意义之外，年夜饭带给每一个人的切身感受，难道就只剩下生物和伦理学上的“团聚”二字了吗？

相传“年”其实是出没于古时的一种怪兽，每至除夕之夜就变得生猛异常，不但吞噬牲畜，还要伤害人命。我们的祖先不胜其扰，遂想出一套对付它的办法：贴春联、放鞭炮以及守岁之类，皆为克“年”之利器，此亦“过年”之由来。

年三十，又称除夕，按照汉族的传统习俗，在这一天太阳落山之前就要把春联贴好，意在驱邪。

入夜之后，须得备齐香、纸、红蜡及种种供奉食品来祭天帝、土地、财神、灶君以及家堂神主。接下来的节目，就是吃年夜饭了。

寸于绝大部分城市居民而言，上述仪式从意义到形式于今已被大幅度地简化，春联的装饰性代替了原有的辟邪作用，全家老少的祭祀对象亦由诸神变成了电视机以及电视机里的那台晚会，唯一不变的，只有这顿年夜饭，堪称经典中的经典。

年年过年吃年夜饭，凡是连续吃过三十年以上者，难免会感到其了无新意乃至索然无味。

不过，自从得知了“年”的兽性之后，种种喜气洋洋的过年仪式及其道具，在我眼里就活生生地多出了几分恐慌的意思。

除夕之夜，月黑风高，此时此刻，那头传说中的怪兽兽性大发，到处肆虐。躲在山洞或茅屋里“过年”之人，一边轮番使用着春联、爆竹之类的防御性和驱逐性武器，一边用大吃大喝来给自家补充体力，同时给自家壮胆、压惊……

这恐怕就是“年夜饭”的由来吧。

不管你是身处穷乡僻壤的茅庐，还是住在保安严密的大厦顶楼，这个除夕之夜，只要你在过年，只要你在吃年夜饭，不管你知不知道、相不相信“年”的传说，你有没有想过，潜伏在中国人集体记忆深处的那头怪兽，会不会正在黑暗中蠢蠢欲动呢?

○暴饮暴食的功能是“贺新年”

无论日子好不好过，世道是否清明以及副食品供应充足与否，“团聚”一直就是过年以及年夜饭的主题词，尤其是在这个天天好吃好喝、日日都过年的年代，不会有人去相信所谓“年”本来是像哥斯拉那样面目狰狞的怪兽，而年夜饭则是用来压惊壮胆的这一番鬼话。事实上，故意重提并且渲染这个传说，目的也绝不是要让大家吃一顿提心吊胆、疑神疑鬼的年夜饭。

如果你愿意因循我的思路或者听从我的暗示，这一顿年夜饭，你就会比往年吃得更丰富，更铺张，更好玩，更游戏，更富于肉感的狂欢。尤其是在鞭炮这门驱逐怪兽的重型主战热兵器（在某些大城市）被法律禁止之后，年夜饭应吃得更火爆，更生猛，要吃出把烟花爆竹统统都在肠胃里一并燃放了的气势。而在这种同仇敌忾的氛围里，亲情的深化自不待言，更有机会吃着吃着就吃出了另一番全新的境界。

吃喝是一切庆典必需的仪式，春节是中国最大的庆典，大吃大喝因而势所必行，不以人的意志为转移。

本来，春节应该是一个十分火爆的节日，自从燃放烟花爆竹被禁之后，剩下的就只有暴饮暴食了。

我们这些自以为是的城市居民，浑身

上下每一个毛孔里其实多少都散发着传统农业社会里放爆竹和暴饮暴食的混合气味。以燃放烟花爆竹为例，在一座现代化的城市里燃放烟花爆竹所造成的种种危害，实在是罄竹难书的，但是也不能忘了，这是一个农历的新年。既然严重危害公共安全的风俗也能开禁，那么，纯属危害个人健康的暴饮暴食、大吃大喝，就更没有受到抨击的理由了。

由此可见，春节期间的烟花爆竹和暴饮暴食，都是一种形式大于内容的、搞气氛的东西，前者的作用是“除旧岁”，后者的功能是“贺新年”，只有在烟花爆竹和暴饮暴食的此起彼伏之间，春节才能成为一场声、色、味俱全的，巴赫金或者莫言式的复调狂欢。

何以解忧，唯有吃喝。

尤其是在那些解除爆竹禁令希望渺茫的城市里，我们更应该加倍努力地大吃大喝，把烟花爆竹燃放在口腔和肠胃之中。

河北省张家口市蔚县暖泉镇北关堡村。2008年元宵节，民俗活动打树花让人们记住了这个绽放的夜晚。摄／魏尧

图书在版编目（CIP）数据

舌尖上的新年 / 陈晓卿等著. 一 北京：中信出版社, 2016.1（2016.1 重印）
ISBN 978-7-5086-5749-3

Ⅰ. ①舌… Ⅱ. ①陈… Ⅲ. ①饮食－文化－中国
Ⅳ. ①TS971

中国版本图书馆CIP数据核字(2015)第285150号

舌尖上的新年

著　　者：陈晓卿 等
主　　编：张婷
策划推广：北京全景地理书业有限公司
出版发行：中信出版集团股份有限公司
（北京市朝阳区惠新东街甲4号富盛大厦2座　邮编　100029）
（CITIC Publishing Group）
承 印 者：北京华联印刷有限公司
制　　版：北京美光设计制版有限公司

开　　本：710mm × 1000mm　1/16　　印　　张：20　　字　　数：150千字
版　　次：2016年1月第1版　　印　　次：2016年1月第2次印刷
广告经营许可证：京朝工商广字第8087号
书　　号：ISBN 978-7-5086-5749-3/G·1274
定　　价：49.80 元